李德生 谢跃 凌珊珊 主编

大熊猫 寄生虫病学

PARASITIC DISEASES OF GIANT PANDAS

中国林业出版社
China Forestry Publishing House

内容简介

本书是有关大熊猫寄生虫病的专著,全面总结了大熊猫寄生虫病研究的成果与经验,介绍了大熊猫寄生虫病诊断与防治技术。全书分为外寄生虫病、内寄生虫病、原虫病三大部分21章,全面而深入地对目前记录和报道的37种大熊猫寄生虫病的病原形态、生活史、流行病学、危害性、诊断检疫与防治等进行了介绍,并配有精美插图近60幅。本书可供高等院校有关专业师生、野生动物保护科研人员、大熊猫饲养员、动物检疫人员、临床兽医及公共卫生工作者参考。

图书在版编目(CIP)数据

大熊猫寄生虫病学 / 李德生,谢跃,凌珊珊主编. —北京:中国林业出版社,2022.11
ISBN 978-7-5219-2083-3

Ⅰ.①大… Ⅱ.①李…②谢…③凌… Ⅲ.①大熊猫–寄生虫病–防治–研究 Ⅳ.①S858.925.9

中国国家版本馆CIP数据核字(2023)第002583号

策划编辑:肖 静
责任编辑:张衍辉 肖 静

出版发行 中国林业出版社(100009 北京市西城区刘海胡同7号)
http://www.forestry.gov.cn/lycb.html 电话:(010)83143577
印 刷 北京博海升彩色印刷有限公司
版 次 2022年11月第1版
印 次 2022年11月第1次印刷
开 本 787mm×1092mm 1/16
印 张 8.25
字 数 165千字
定 价 70.00元

数字资源

未经许可,不得以任何方式复制或抄袭本书之部分或全部内容。

版权所有 侵权必究

《大熊猫寄生虫病学》编委会

主　编

　　李德生（中国大熊猫保护研究中心正高级工程师）

　　谢　跃（四川农业大学特聘教授）

　　凌珊珊（中国大熊猫保护研究中心高级工程师）

副主编

　　王承东（中国大熊猫保护研究中心正高级工程师）

　　吴虹林（中国大熊猫保护研究中心高级工程师）

　　李才武（中国大熊猫保护研究中心高级工程师）

　　邓林华（中国大熊猫保护研究中心高级工程师）

参编人员（按姓氏笔画排序）

　　王　茜（中国大熊猫保护研究中心助理工程师）

　　王利丹（四川农业大学）

　　成彦曦（中国大熊猫保护研究中心工程师）

　　朱　艳（中国大熊猫保护研究中心助理工程师）

　　何　鸣（中国大熊猫保护研究中心工程师）

　　陈奕君（四川农业大学）

　　周　璇（四川农业大学讲师）

序
FOREWORD

  大熊猫是中国的"国宝",也深受世界人民的喜爱,它历经800万年的严酷自然选择和生存竞争,顽强存活至今,被誉为动物界的"活化石"。作为世界野生动物保护的旗舰物种,大熊猫不仅在物种保护、科学研究、文化交流、生态文明建设等方面发挥着重要而独特的作用,其保护成就也得到了世界自然保护联盟的高度评价,保护等级从濒危降为易危,已经成为世界生物多样性保护的一面旗帜。

  众所周知,在大熊猫疾病中,寄生虫病是危害野生和圈养大熊猫的一类常见的多发性疾病,是影响大熊猫健康与种群变化的重要因素之一。由于受自然、社会等条件限制,有关大熊猫寄生虫的研究仍十分零散,缺乏系统、全面的归纳和总结。近日,中国大熊猫保护研究中心李德生研究员与四川农业大学动物寄生虫病研究中心谢跃教授等人共同编写了《大熊猫寄生虫病学》一书。该书系统、全面地总结了大熊猫寄生虫病研究的最新成果与经验,并介绍了大熊猫寄生虫病诊断与防治技术研究的进展。全书分为外寄生虫病、内寄生虫病、原虫病三大部分,涉及多达21类寄生虫,并配有精美插图。书中全面而深入地对目前记录和报道的每种大熊猫寄生虫病的病原形态、生活史、流行病学、危害性、诊断检疫与防治等进行了介绍,内容丰富翔实,图文并茂,深入浅出。

  我相信这本书不仅能满足高等院校有关专业师生、野生动物保护科研人员、临床兽医及公共卫生工作者、动物检疫人员、大熊猫疾病预防控制和饲养人员等对大熊猫寄生虫病知识的需求，而且也能激发人们对大熊猫的保护意识，使人们更加关注大自然，保护野生动物，促进人与自然和谐共生。

本书具有重要参考价值，特作此序，并希望该书能尽快出版，与读者见面。

军事医学研究院研究员

中国工程院院士

夏咸柱

2022年10月22日

位于体侧缘的内侧；肛板1块，位于肛门的周围，紧靠中板之后；肛侧板1对，位于肛板的外侧；副肛侧板1对，位于肛侧板的外侧；肛下板1对，位于肛侧板的下方。

硬蜱属具有前5种板（共7块）；璃眼蜱属具有3种板（共6块）；扇头蜱属具有肛侧板和副肛侧板（共4块）；血蜱属、革蜱属和花蜱属则无前述各种板。

2. 若蜱

形态与成蜱相似，其区别点为：若蜱有4对足，有气门板，但无生殖孔和孔区，盾板只覆盖躯体背面的前部，其上无花斑。

3. 幼蜱

形态与成蜱相似，其区别点为：幼蜱仅有3对足，无气门板，无生殖孔及孔区，盾板只覆盖躯体背面的前部，其上无花斑。

（二）内部构造

1. 消化系统

消化系统分为前肠、中肠和后肠3部分。前肠包括口腔、咽和细短的食道，食道与中肠相连。中肠又称胃，很短，但其两侧生有很多胃支囊，可以储藏大量血液，历久不饥；中肠的后端变细，与后肠相连。后肠包括直肠和肛门。直肠呈囊状，两侧各有1条马氏管。此外，还有唾液腺1对，位于第2~3对足的基节处。

2. 生殖系统

硬蜱为雌雄异体。雌性生殖器官由1对卵巢、1对输卵管、1个子宫和1个与生殖孔相通的阴道组成。雄性生殖器官由1对睾丸、1对输精管和1个通入生殖孔的射精管组成。在雌蜱的假头基后方还有1个腺体，被称为简氏器；当雌蜱产卵时，简氏器能分泌黏液将虫卵黏附在一起，成为一大团卵块，使虫卵不至于干燥。

3. 呼吸系统

若蜱和成蜱有较发达的气管系统，通过气门进行气体交换和调节体内的水分平衡。幼蜱无气管系统，以体表进行呼吸。

4. 循环系统

心脏约位于躯体前2/3处。心脏向前连接主动脉，在前端包围着脑部形成围神经血窦。由心脏的搏动推动血淋巴的循环。

5. 神经系统

有一个中枢神经节（或称为脑）位于第1、2基节水平线上。外周神经起于各神经节，分布至各器官。蜱类有较发达的感觉器官，在体表有感觉毛。此外，还有眼、哈氏器和须肢器等。

二、分类

我国硬蜱科蜱类常见种分属检索表（成蜱）

1　肛沟围绕肛门之前；雄蜱腹面几乎全部为几丁质板（共7块）所覆盖 …… 硬蜱属 *Ixodes*
　　肛沟围绕肛门之后，或很浅而不明显；雄蜱腹面如有几丁质板，只覆盖后面一部分 ……… 2
2　假头基呈六角形；雄蜱具肛侧板及副肛侧板……………………………………………… 3
　　假头基呈矩形或其他形；雄蜱无肛侧板及副肛侧板，如有则须肢窄长 ………………… 4
3　肛沟相当明显；足基节Ⅰ有2个发达的距，内距较为尖窄 …… 扇头蜱属 *Rhipicephalus*
4　体宽短，呈宽卵形或亚圆形；须肢直而显著窄长，尤以第2节最明显 … 花蜱属 *Amblyomma*
　　体呈卵形或长卵形；须肢粗短或窄长；如窄长，足基节Ⅰ的2个距窄长而靠近，不然则气门板周缘均匀，无增厚部……………………………………………………………………… 5
5　无眼；足基节Ⅰ只有1距，有时很短 ………………………………… 血蜱属 *Haemaphysalis*
　　有眼；足基节Ⅰ有2个发达的距，内距较为尖窄 ……………………………………………… 6
6　盾板有珐琅斑；须肢粗短……………………………………………… 革蜱属 *Dermacentor*
　　盾板单一色，无珐琅斑；须肢窄长 ……………………………………… 璃眼蜱属 *Hyalomma*

以下表格列举了大熊猫常见硬蜱科体表寄生虫种类，并选取其中重要的几种进行详细介绍。

大熊猫常见硬蜱科体表寄生虫种类及其宿主

虫　种	宿主动物
硬蜱属 *Ixodes*	
锐跗硬蜱 *Ixodes acutitarsus*	大熊猫、黑熊、斑羚、林麝和野猪等动物
卵形硬蜱 *Ixodes ovatus*	林麝、马麝、大熊猫、黄鼬、毛冠鹿和斑羚等动物
粒形硬蜱 *Ixodes granulatus*	大熊猫、黑线姬鼠和长吻松鼠等动物
血蜱属 *Haemaphysalis*	
长须血蜱 *Haemaphysalis aponommoides*	大熊猫和黑熊等动物
褐黄血蜱 *Haemaphysalis flava*	大熊猫等动物
豪猪血蜱 *Haemaphysalis hystricis*	大熊猫、野猪、猪獾、水鹿、小麂、豪猪、黄喉貂和虎等动物
北岗血蜱 *Haemaphysalis kitaokai*	大熊猫和鹿等动物
长角血蜱 *Haemaphysalis longicornis*	大熊猫、羚牛、鹿、熊、獾和狐等动物
大刺血蜱 *Haemaphysalis megaspinosa*	大熊猫等动物

目 录
CONTENTS

序

第一部分　外寄生虫病

第一章　大熊猫硬蜱 …………………………………… 1

第二章　大熊猫足螨病 ………………………………… 20

第三章　大熊猫蠕形螨病 ……………………………… 24

第四章　大熊猫蠕形蚤病 ……………………………… 28

第五章　丽蝇 …………………………………………… 32

参考文献 ………………………………………………… 34

第二部分　内寄生虫病

第一章　大熊猫西氏贝蛔虫病 ………………………… 40

第二章　钩口线虫病 …………………………………… 46

第三章　类圆科线虫病 ………………………………… 51

第四章　结膜吸吮线虫病 ……………………………… 54

第五章　肺线虫病 ……………………………………… 57

第六章　大熊猫列叶吸虫病 …………………………… 62

第七章　线中殖孔绦虫病 ……………………………… 65

第八章　裸头科绦虫病 ………………………………… 68

参考文献 ………………………………………………… 71

I

第三部分　原虫病

  第一章　大熊猫安氏隐孢子虫病 …………………………… 79

  第二章　巴贝斯虫病 ………………………………………… 83

  第三章　贾第鞭毛虫病 ……………………………………… 87

  第四章　肝簇虫病 …………………………………………… 92

  第五章　住肉孢子虫病 ……………………………………… 95

  第六章　大熊猫刚地弓形虫病 ……………………………… 98

  第七章　毕氏肠微孢子虫病 ………………………………… 104

  第八章　球虫病 ……………………………………………… 107

  参考文献 ……………………………………………………… 110

第一部分 外寄生虫病

第一章 大熊猫硬蜱

硬蜱是指硬蜱科（Ixodidae）的蜱类。我国硬蜱科蜱类已报道的有4亚科7属，共计106种。硬蜱绝大多数寄生在哺乳动物体表，少数寄生在鸟类、爬行类动物体表，个别寄生在两栖类动物体表。在兽医学上有重要意义的有6个属：硬蜱属（*Ixodes*）、血蜱属（*Haemaphysalis*）、革蜱属（*Dermacentor*）、扇头蜱属（*Rhipicephalus*）、璃眼蜱属（*Hyalomma*）和花蜱属（*Amblyomma*）。

目前已知寄生于大熊猫的硬蜱种类有：锐跗硬蜱（*Ixodes acutitarsus*）、粒形硬蜱（*Ixodes granulatus*）、卵形硬蜱（*Ixodes ovatus*）、长须血蜱（*Haemaphysalis aponommoides*）、褐黄血蜱（*Haemaphysalis flava*）、豪猪血蜱（*Haemaphysalis hystricis*）、北岗血蜱（*Haemaphysalis kitaokai*）、长角血蜱（*Haemaphysalis longicornis*）、大刺血蜱（*Haemaphysalis megaspinosa*）、猛突血蜱（*Haemaphysalis montgomeryi*）、汶川血蜱（*Haemaphysalis warburtoni*）、熊猫血蜱（*Haemaphysalis ailuropodae*）和台湾革蜱（*Dermacentor taiwanensis*）。

一、形态特征

（一）外部形态

1. 成蜱

蜱体呈圆形或卵圆形，背腹扁平，体长2~13 mm；虫体的头、胸和腹3个部分完全愈合在一起，常分为假头和躯体两大部分。吸血后的雌蜱，体长可达20~30 mm，体形变厚呈双凸状，外观似大豆或蓖麻籽。

（1）假头（又称颚体）位于躯体前端，由假头基和口器组成。

① 假头基（又称颚基）

背面：形状依蜱所归类的属不同而有所差异，可呈矩形、六角形、三角形或梯形。雌蜱假头基背面有1对孔区，有感觉及分泌体液帮助产卵的功能。根据蜱的种类不同，假头基背面外缘和后缘的交接处基突的发达程度也有所差异。

腹面：前部侧缘有1对耳状突。

② 口器

口器由1对须肢、1对螯肢和1个口下板组成。

须肢：位于假头基前方两侧，呈左右对称，长短与形状因属或种的不同而异；分4节，第1节较短小，第2节、第3节较长，第4节短小，嵌在第3节腹面的前端，其端部具感觉毛，被称为须肢器。须肢在蜱吸血时起固定和支撑蜱体的作用。

螯肢：位于须肢之间，可从背面看到；分为螯肢干和螯肢趾；螯肢干包在螯肢鞘内；螯肢趾分为内侧的定趾和外侧的动趾，起切割宿主皮肤的作用。

口下板：位于螯肢的腹面，与螯肢合拢形成口腔。其形状和长短因种类不同而异，可呈剑状、矛状或压舌板状等，顶端尖细或圆钝。腹面有呈纵列的倒齿，为硬蜱吸血时穿刺与附着宿主的重要器官。

（2）躯体 为假头基后缘的蜱体部分，呈卵圆形。硬蜱的雌、雄虫体在吸饱血前后大小相差较大。

背面：最明显的构造为几丁质的盾板。雄蜱的盾板较大，几乎覆盖躯体整个背面；雌蜱的盾板较小，仅覆盖躯体背面前部的小部分。盾板上有点窝状刻点。盾板前缘靠假头基处凹入部被称为缘凹，其两侧向前凸出形成肩突。有的硬蜱具眼，位于第2对足位置的盾板侧缘。盾板上有沟。多数硬蜱在盾板或躯体的后缘具方块状的结构被称为缘垛，通常有11块，正中的1块有时较大，色泽较淡，被称为中垛。有的种类体末端常突出，形成尾突。

腹面：有足、生殖孔、肛门、气门板和几丁质板等。足4对，着生于腹面前部两侧；每足由6节组成，由体侧向外依次为基节、转节、股节、胫节、后跗节和跗节。基节固定于腹面的体壁上不能活动，其后缘通常裂开、延伸为距，靠后角的称为内距，靠后外角的称为外距。跗节末端具1对爪，爪基有发达程度不同的爪垫。第1对足跗节接近端部的背缘各有1个哈氏器，为嗅觉器官。

生殖孔位于前部或靠中部正中，在生殖孔前方及两侧有1对向后伸展的生殖沟。

肛门位于后部正中，是由肛带与1对半月形肛瓣构成的纵行裂口。在肛门之后或之前有肛沟，一般为半圆形或马蹄形，有的属没有肛沟。

腹侧面有气门板1对，位于第4对足基节的后外侧，其形状因种类不同而异，呈圆形、卵圆形、逗点形或其他形状，有的向后延伸成背突，是硬蜱重要的分类依据之一。

有些种类的硬蜱，其雄蜱腹面还有几丁质板，其数目因硬蜱属不同而异。综合起来有7种腹板：生殖前板1块，位于生殖孔之前；中板1块，位于生殖孔与肛门之间；侧板1对，

续表

虫 种	宿主动物
猛突血蜱 *Haemaphysalis montgomeryi*	大熊猫等动物
汶川血蜱 *Haemaphysalis warburtoni*	大熊猫、苏门羚、斑羚和塔尔羊等动物
熊猫血蜱 *Haemaphysalis ailuropodae*	大熊猫
革蜱属 *Dermacentor*	
台湾革蜱 *Dermacentor taiwanensis*	野猪、大熊猫和黑熊等动物

1. 锐跗硬蜱 *Ixodes acutitarsus*

雌蜱：体大，卵圆形，未吸血标本大小约7.0mm×3.4mm（包括假头），缘沟深，缘褶肥大，后端稍窄（图1-1-1）。

假头长。假头基向后稍窄，后缘略直；基突跗缺；孔区卵圆形，向内斜置，间距小于其短径。须肢相当窄长，长约为宽的4倍；第1节外侧突出，如结节状；第2节长约为第3节的2倍，外缘略微内弯，内缘浅弧形凸出；第3节端部圆钝。假头基腹面宽圆；横缝明显；耳状突跗缺。口下板剑形，具齿2|2纵列，中部由较宽的隆脊分隔，靠侧缘的齿列较发达，每列约10枚齿；端部的细齿为4|4。

盾板宽大，近心脏形，大小约2.3mm×2.4mm，表面光亮。肩突短粗。缘凹宽浅。颈沟浅，前段外斜，后段浅弯，末端达盾板后侧缘。侧脊不明显。刻点细小，中部稀少，周围稍密。

生殖孔位于基节Ⅲ、Ⅳ之间的水平位置。生殖沟向后斜伸。肛沟前缘宽圆，两侧不平行。气门板大，亚圆形；气门斑大，位置偏前。

足长而粗。基节Ⅰ有2个长距，内距弯，指向生殖孔，末端约超过基节Ⅱ的一半，外距较短，略微超过基节Ⅱ前缘；基节Ⅱ-Ⅳ宽度约为长度的1.5倍（按躯体方向），各具粗短外距，内距均不明显，呈脊状。跗节Ⅳ亚端部逐渐收窄。各足爪垫短，约达爪长之半。

雄蜱：体大，卵圆形，大小约4.8mm×2.9mm（包括假头），中部靠后最宽，缘褶肥大。

假头基前宽后窄，似倒置梯形；基突跗缺。须肢外缘略直，内缘后段弧形；第1节外侧凸出，如结节状；第2节长约为第3节的2倍；第3节端部圆钝。假头基腹面宽短，后缘浅弧形；耳状突跗缺。口下板与雌虫相似，但较短，每纵列约有7枚齿。

盾板光亮。肩突粗短。缘凹浅。颈沟前段较短，后段显著外斜。刻点很细，数目稀少，在颈沟外侧方稍多而较明显。

生殖孔位于基节Ⅲ、Ⅳ之间。生殖前板长形；中板近六边形，长与宽约等，前后缘平行，后侧缘与后缘连接成钝角，前侧缘弧形凸出，与生殖沟相邻；肛板短宽，前端圆钝，两侧向后外斜。气门板大，卵圆形；气门斑位置偏前。

足与雌虫相似，但基节Ⅱ-Ⅳ较窄（按躯体方向）。

生活习性：生活在山林地带。

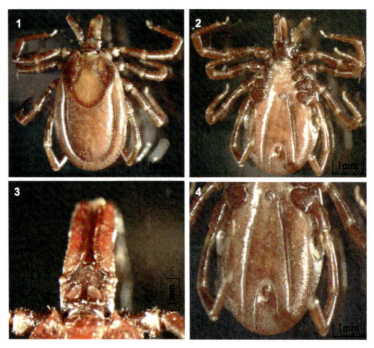

图1-1-1　雌性锐跗硬蜱（1.正面 2.背面 3.假头 4.肛沟）
（Chao et al., 2012）

2. 粒形硬蜱 Ixodes granulatus

雌蜱：体长卵形，未吸血的虫体大小约2.38mm×0.98mm（包括假头），缘沟明显。

假头基近三角形，后缘平直，基突阙缺；孔区大，卵圆形，间距约等于其短径。须肢窄长，中部最宽，两端显著细窄，外缘较直，内缘略凹，浅弧形凸出；第2、3节长度之比约4∶3。假头基腹面宽阔，后缘略外弯；耳状突短小，呈脊状。口下板窄长，末端尖细；齿式为3|3。每纵列具齿10~11枚，靠侧缘的齿列较发达。

盾板卵圆形，大小约0.98mm×0.76mm，中部最宽。肩突尖细。颈沟后浅，后端不达盾板后侧缘。侧脊可见，自肩突内侧后延，不达盾板后侧缘。颈沟与侧脊之间形成浅陷。前部稍宽于后部。刻点大，分布均匀。

生殖孔位于基节Ⅳ的水平位置。生殖沟向后分离，末端不达躯体后缘。肛沟前端窄圆。两侧平行。气门板近圆形；气门斑位置偏前。

足较长。基节Ⅰ内距长，尖形，外距略短；基节Ⅱ-Ⅳ均无内距，各有粗短外距，但基节Ⅳ外距很短；基节Ⅰ、Ⅱ靠后缘有半透明附膜，约占后部1/3。各跗节亚端部明显收窄，向端部逐渐细窄。足Ⅰ爪垫与爪等长，其余爪垫略短，将近达到爪端。

雄蜱：体卵圆形，大小约1.65mm×0.87mm（包括假头），缘褶较窄。

假头基两侧缘平行，后缘平直；基突粗短；表面有小刻点。须肢长2倍于宽，前端圆钝，外缘直，内缘浅弧形凸出；第2、3节约等长。假头基腹面短，两侧缘向后略内斜，后缘近于平直；耳状突小，呈脊状。口下板短，两侧缘几乎平行，前端平钝，中部有浅凹；有7~9排小齿，最后一对齿强大。

盾板窄卵形，两侧缘近于平行。肩突粗短。缘凹窄小。颈沟浅，但明显，后段显著外斜。刻点粗，分布均匀。

生殖孔位于基节Ⅲ、Ⅳ之间，中板两侧缘向后外斜，后缘弯曲形成钝角。肛板近椭圆形，中部最宽，两端稍窄。肛侧板长，前缘宽度约为后缘的1.5倍。气门板卵圆形，长径与体轴平行；气门斑位置偏前。

足与雌虫的相似，但基节Ⅰ内距较短，大小约等于外距。

生活习性：生活在山地林区、平原草地及田野等地。春夏季有成虫活动，在我国南方是常见种。

3. 卵形硬蜱 *Ixodes ovatus*

雌蜱：体卵形，靠后部最宽，未吸血的虫体大小约为2.52 mm×1.26 mm，缘沟两侧明显，后端缺。假头基近五边形，前宽后窄，后缘向前稍弯；基突短小；孔区卵圆形，向内斜置；须肢长约为宽的3倍，外缘缺刻不齐；假头基腹面匀称，中部隆起，边缘扁平。颈沟末端约至盾板后的1/3。盾板圆形或亚圆形，大小为（0.87~1.08）mm×（0.87~0.96）mm；肩突很短；刻点小，分布稀疏，靠后部稍密。生殖孔位于基节Ⅰ、Ⅳ之间的水平上，生殖沟向后斜伸。肛沟前端窄，两侧显著外斜。气门板大，亚圆形，气门板位置偏前。足中等大小，各足基节宽显著大于长（按躯体方向）。基节Ⅰ内距短钝；基节Ⅱ无外距（图1-1-2）。

雄蜱：体卵圆形，大小约为2.03mm×1.15mm，缘褶窄小。假头基前宽后窄，两侧缘内斜，后缘近于平直；基突阙缺；表面有小刻点；须肢长度约为宽度的2倍，中部最宽；假头基腹面中部隆起，靠后缘的腹脊扁锐，向后呈窄弧形凸出；耳状突阙缺。口下板侧缘的齿细小。盾板长卵形；肩突粗短，颈沟浅而宽；刻点较粗，分布不均匀，表面有稀疏细长毛。生殖孔位于基节Ⅲ的水平上。中板大，近五边形。肛板前窄后宽，似拱形，两侧显著外斜。

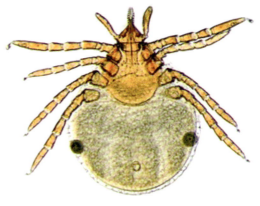

图1-1-2　卵形硬蜱（陶宁等，2017）

肛侧板短。肛沟围绕肛门前方。气门板卵圆形，钝端向前，气门板位置偏前。足中等大小，基节Ⅰ内距短而钝，其长度等于或小于外距，与后缘连接，后外角窄长如距突，从背面可见；基节Ⅱ-Ⅳ无内距；基节Ⅳ有粗短外距。

4. 长须血蜱 *Haemaphysalis aponommoides*

雌蜱：吸少量血的个体大小为 2.6 mm×1.7 mm。假头基部宽而短，宽约为长的 2.4 倍，侧缘呈弧形凸出，后缘平，基突极其粗短，有时不明显。须肢窄而长，呈棒状，外缘与内缘几乎平行，第 1 节短，第 2 节与第 3 节长度比为 5:3，第 3 节的腹刺蹠缺，第 4 节位于第 3 节腹面的端部。口下板长约等于须肢，齿式为 3/3。肩突短而圆；颈沟深，几乎平行，末端达盾板中后。盾板的长约为宽的 1.36 倍，后缘呈圆弧形。气门板呈逗点状，背突粗短，末端钝。生殖孔位于两个第 3 足基节之间（图 1-1-3）。

雄蜱：大小为 2.3 mm×1.6 mm。假头小，假头基的宽约为长的 2.3 倍，两侧缘呈弧形突出，与后缘连续呈圆角，后缘平直；须肢粗短，呈棒状，第 2 节和第 3 节的长度略等，第 3 节腹刺蹠缺，第 4 节位于第 3 节末端腹面。口下板前端大，后端小，口下板齿式为 2|2。盾板呈卵圆形，肩突钝圆形；颈沟短，几乎平行，无侧沟；刻点粗细不均，分布较密。肛门呈略圆形，位于一几丁质板中部。在肛沟与生殖沟后段之间，有 1 对大的几丁质板，其上有较多刻点。气门板较大，呈长逗点形，末端稍钝。生殖锥位于第 2 足基节之间（图 1-1-4）。

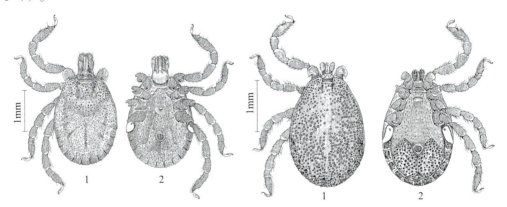

图 1-1-3　长须血蜱雄蜱（1.背面 2.腹面）　图 1-1-4　长须血蜱雌蜱（1.背面 2.腹面）

（Hoogstraal et al., 1971）　　　　　　（Hoogstraal et al., 1971）

5. 褐黄血蜱 *Haemaphysalis flava*

蜱假头基呈矩形，须肢宽短，颈沟长，基突发达，无眼，盾板无色斑，肛沟围绕在肛门之后，缘垛明显；雄蜱腹面无几丁质板，基节Ⅳ内距窄长，末端尖细，气门呈逗点形。雌蜱盾板亚卵圆形，气门板亚圆形，足粗壮，基节Ⅰ内距粗短而钝，基节Ⅱ-Ⅳ内距短（图 1-1-5）。

图 1-1-5 褐黄血蜱（1.雌性成蜱 2.若蜱）

(Ishigaki et al., 2012)

6. 豪猪血蜱 *Haemaphysalis hystricis*

雌蜱：未吸血的个体大小约为 3.4 mm × 2.2 mm，呈浅黄色或浅褐色。假头基的宽约为长的 2.2 倍，基突粗短，末端圆钝；孔区小，呈卵圆形。须肢后外角突出，第 2 节的长约等于宽，第 3 节背面后缘中部有 1 根粗短的刺。口下板达须肢前端，齿式为 4|4。盾板呈宽卵圆形，颈沟短而浅，但前端深；刻点少而浅，分布不均。气门板短，呈逗点形，背突短，末端钝。

雄蜱：大小为（2.70~3.20）mm×（1.80~2.10）mm，呈浅黄色或褐黄色。假头基的宽约为长的 1.7 倍，基突粗壮，末端钝。须肢粗短，后外角向外侧突出，第 2 节的宽大于长，第 3 节后缘中部有粗短的刺。口下板长约等于须肢，齿式为 4|4。盾板呈宽卵圆形，无侧沟，颈沟短而浅，向后外方斜弯，但前端深。刻点少而浅。气门板呈逗点形，背突明显，末端钝（图 1-1-6）。

图 1-1-6 豪猪血蜱（1.背面；2.腹面）

（引自 https://www.fehd.gov.hk/tc_chi/pestcontrol/photo_page2/Ixodidae/Haemaphysalis%20hystricis.html.）

7. 北岗血蜱 *Haemaphysalis kitaokai*

雄蜱：体长 2.3mm，宽 1.45mm。颜色各异，红黄色至黑色，腿和假头基呈淡黄色（图 1-1-7）。

假头：小，假头基宽度约为长度的1.8倍，基突明显，外缘在中长端明显扩大，后端逐渐收敛到圆形至后外部结合处；后缘直或微凹。基部腹侧边缘外直，后有角；有3或4对小的后刚毛和1对小的口下板后刚毛。须肢粗短；须肢长是宽的2倍，基头的1.6倍，外缘和内缘大致平行，前缘截断。第1节有1个腹节；第2节后宽度变窄；1号刚毛位于背部凹陷表面，2号刚毛在腹侧凹陷表面，3号刚毛在腹侧升高表面，4号刚毛在背侧升高表面，背内侧3根刚毛，腹内侧单根刚毛。第3节与第2节经微小的直缝分开，约是第2节的2/3长；第4节大约中长度延伸到第3节的顶端，边缘有狭窄的脊，腹部退回的刺，在一个狭窄处，从凹陷的后边缘延伸到第3节和第2节之间的缝合处。背侧为6号刚毛，3根腹部，2根腹内侧。口下板略超过须肢第3节的中段，2.2倍长于宽，外端轮廓凸出，基突致密，不规则的小钩，约为齿锉的3/8长；齿式2|2，齿宽，大约5个锉（后齿冠有1或2个大钩），后面有2~4个小齿。盾板长约为宽的1.3倍，表面向外侧凹陷，中央常伴有3个浅层凹陷，梨形轮廓，气门板处最宽，外缘从中长处收敛到肩突，逐渐收敛到宽圆的后缘。前凹陷狭窄，中等深。侧沟窄，短，向后发散。刻点多，离散不连续，中等大小，间隔均匀，除了中间视野，其他地方分布较少。

腹部有许多不规则的大小各异的刻点，肛沟后区域有大而浅的刻点。生殖孔呈椭圆形，前缘轻微锯齿状。气门板大，狭长，长约为宽的2.2倍，轮廓宽圆，收敛至后背边缘。肛门有5对刚毛。腿健壮，基节狭窄，基节Ⅰ距宽，锥细，直圆，略超出后缘。基节Ⅱ、基节Ⅲ各有距宽的三角形刺，均比基节Ⅰ略长。基节Ⅳ更窄，尖，比基节Ⅲ略长。转节Ⅰ背侧宽且尖。腹侧转子无刺。股节Ⅳ有4对中等长度的腹内侧刚毛；胫节Ⅱ、胫节Ⅲ粗长，胫节Ⅳ更长，背侧和腹侧表面逐渐变细到狭窄的顶端；爪Ⅰ大，爪Ⅱ-Ⅳ中等大小。爪垫相对较短，未能达到爪子的顶端弯曲处。

雌蜱：须肢比雄蜱长许多，雌虫在常见的第二性征上与雄蜱有所不同，在其他关键特征上相似（图1-1-8）。长2.65mm，宽1.7mm。

假头：假头基宽度约为长度的2.6倍，外缘在中间长度处明显扩张，然后突然缩小为直（或稍凹）的前缘。凹下的孔区，亚圆形，间隔大；腹侧轮廓和刚毛与雄蜱情况相似。棒状须肢，每个须肢长约是宽的3.4倍，长度是假头基的2.4倍。外部轮廓和内部边缘约平行。第2节和第3节微弱分开，第2节是第3节的2倍长；第3节腹距和第4节的位置与雄蜱一样。第1节的2号刚毛呈腹侧；第2节的6号刚毛呈背侧，3号刚毛呈腹侧；第3节的5号刚毛呈背侧，5个腹侧，2个内腹侧。口下板与须肢相同长度，3倍长于宽，后轮廓变窄，向前凸出，顶端圆形，冠小，几排浓密的大小不等的钩子，大约有齿锉的1/8长。齿式3|3，7个或8个小齿，每个齿锉后有几个较小的钩子。

盾板宽是长的1.3倍，前凹陷宽且浅；颈沟弯曲且浅；有中等大小的刻点；刻点数量适中，颜色深，离散，不连续分布。虫体背部和腹部刻点多，小且颜色浅。生殖帷结构简单，宽，外缘汇聚已截断后缘。肛门上有5对肛毛。

足健壮。基节比雄蜱的短且更宽，基节Ⅰ有刺，基节Ⅱ刺宽，脊状，未超过基节后缘；基节Ⅲ和基节Ⅳ每个脊和刺均有凸起，超过基节的后缘。转节缺腹部刺；股节Ⅳ有4个中等长度的腹内侧刚毛。胫节Ⅱ和胫节Ⅲ略短于雄蜱。爪和爪垫与雄蜱相似。

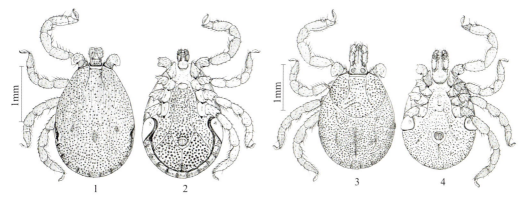

图1-1-7 北岗血蜱雄蜱（1.背面 2.腹面）　　图1-1-8 北岗血蜱雌蜱（3.背面 4.腹面）
（Hoog Straal and Harry, 1969）　　　　　　（Hoog Straal and Harry, 1969）

8. 长角血蜱 *Haemaphysalis longicornis*

小型蜱（图1-1-9）。无眼，有缘垛。假头基矩形。须肢外缘向外侧中度突出，呈角状；第2节背面有三角形的短刺，腹面有一锥形的长刺。口下板齿式5|5。基节Ⅱ-Ⅳ内距稍大，超出后缘。盾板上刻点中等大，分布均匀而较稠密。三宿主蜱。

9. 大刺血蜱 *Haemaphysalis megaspinosa*

体形多为小型。在血蜱进化过程中，显然从爬中血蜱亚属进化而来。假头基长方形，成

图1-1-9 长角血蜱（Jia et al., 2021）

蜱假头基的基突三角形，雄蜱的基突较雌蜱明显，而有些种的幼蜱则无基突。须肢短，第2节、第3节连接较紧密；第3节无背刺，腹刺短，或不明显；第2节侧缘略有突出，腹面内侧刚毛2~4根。成蜱口下板齿式多为4|4，若蜱和幼蜱的为2|2~3|3。足基节距，前3节的一般粗短，但基节Ⅰ的内距较大；转节在多数种类中存在，无腹距；有的种类，转节Ⅰ有腹距；股节Ⅳ腹内鬃7~9根。生殖帷宽大于长。

10. 猛突血蜱 *Haemaphysalis montgomeryi*

雌蜱：未吸血的个体大小约为2.6 mm×1.5 mm，呈浅褐色。假头基部宽约为长的2倍，

基突粗短，孔区小，呈卵圆形。须肢后外角略向外突出，第2节的腹后缘有三角形锐刺，第3节的腹刺窄长，末端尖细，假头基腹面宽，后缘呈弧形。口下板比须肢稍短，齿式为6|6或7|7。盾板呈盾形，长约为宽的2倍，颈沟短而深，呈浅弧形，末端约达盾板中点。刻点细而浅，少数稍粗，均匀地稀疏散布。气门板呈亚圆形，背缘及前缘较直，背突短小而钝（图1-1-10）。

雄蜱：大小为（2.3~2.5）mm×（1.4~1.5）mm，呈浅黄色或浅褐色。假头基宽约为长的1.4倍，基突粗大，末端略尖。须肢的后外角略向外突出，第2节腹面后缘有锥形长刺，末端达第1节后缘；第3节腹刺长，末端超过第2节中部。假头基腹面宽短，略呈矩形。口下板与须肢约等长，齿式为6|6。盾板呈长卵圆形；侧沟浅而短，前端达盾板中部，后端延至第1缘垛。颈沟短而深，几乎平行，刻点浅而较少，粗细不均，细的较多。气门板呈逗点形，背突明显，末端稍尖（图1-1-11）。

11. 汶川血蜱 *Haemaphysalis warburtoni*

雌蜱：全长35mm，宽2.9mm。假头基宽约为长的2倍。侧缘后段凸出呈角状，基突三角形，孔区中等大，卵形。须肢棒形，长约3倍于宽。第2节长为宽的1.75倍，第3节长约为第2节的3/4。口下板较须肢稍长，齿式大部分为5|5，接近基部为4|4。盾板宽约等于长，颈沟深窄。向后约达盾板中部。刻点少，粗细不均匀。生殖孔有盖叶覆盖。气门板近圆形，背突缺。足粗壮，各基节内距明显，基节Ⅰ、基节Ⅱ内距粗而钝，基节Ⅲ的较宽短，基节Ⅲ、基节Ⅳ内距约等长，末端尖。转节囊距退化。跗节粗短。爪垫约达爪长的2/3。

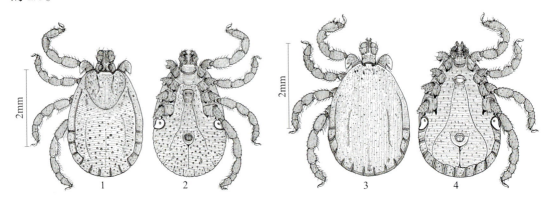

图1-1-10　猛突血蜱雌蜱（1.背面 2.腹面）　　图1-1-11　猛突血蜱雄蜱（3.背面 4.腹面）
（Hoog Straal and Harry., 1969）　　　　　（Hoog Straal and Harry., 1969）

雄蜱：全长2.8mm，宽1.6mm。假头基宽为长的1.14倍，后段凸出呈角状。基突发达，三角形。须肢粗短，长为宽的1.75倍。第2节长宽相等。第3节长为第2节的3/4。假头基腹面短而隆起。口下板与须肢几乎等长，齿式前两排为6|6，紧接两排为5|5，以后6~7排均

为4|4。盾板梨形，长约为宽的1.5倍，侧沟长度中等，前端约达基节Ⅲ，内距发达，基节Ⅰ-Ⅲ内距约等长，基节Ⅳ内距较长，约为基节内距的1.5倍。各转节腹距退化，仅转节Ⅰ的略明显。跗节粗短，跗节Ⅱ-Ⅳ远端背缘隆起，末端有一小齿。爪垫约达爪长的2/3。

12. 熊猫血蜱 *Haemaphysalis ailuropodae*

体呈黄褐色，无眼。假基基矩形，基突强大，末端稍尖。须肢粗短，第2节宽约为长的1.7倍，后外角显著突出，呈钝角，腹面后缘具向后的角突，腹面内缘有4~5根刚毛；第3节腹面后缘具向后的角突，末端接近第2节前缘。假头基腹面宽短，浅弧形。口下板齿式5|5，每列约具9枚或10枚齿。雌、雄蜱足均粗壮，基节Ⅰ-Ⅳ逐次增大，基节Ⅳ显著、最大；转节Ⅰ腹距短而圆钝，转节Ⅱ、转节Ⅲ短小，脊状，转节Ⅳ腹距不明显；爪垫长约为爪长的2/3。雄蜱体长3.78~3.98 mm（包括假头），宽2.30~2.43 mm。虫体未经处理前，盾板上具有明显、清晰而规则的黑色、淡黄色相间的花斑；经10%氢氧化钾（KOH）溶液煮沸2~3 min，并制成玻片标本，可见到中等大小、分布均匀的刻点。盾板卵圆形，侧沟长，向前达基节Ⅲ前缘，后至气门板后缘，颈沟长，浅弧形，下达基节Ⅲ后缘。10个缘垛窄长、明显。气门板亚圆形，前缘较直，背突短，圆钝。基节Ⅰ内距粗短，基节Ⅱ、基节Ⅲ均具内外二距，短小钝圆，基节Ⅳ内距粗大，向后外方弯曲呈弧形，末端尖，无外距。雌蜱吸饱血后长11.2~12.3 mm（包括假头），宽7.2~8.0 mm。盾板亚圆形，长约等于宽，刻点中等大小，分布均匀。颈沟较长，弧形，末端几乎达盾板后侧缘。气门板卵圆形背突短、圆钝。基节Ⅰ内距粗大而长，末端弯向背侧，似尖钩；基节Ⅱ、基节Ⅲ内距短小，末端尖；基节Ⅳ内距粗壮，呈锥形。

13. 台湾革蜱 *Dermacentor taiwanensis*

盾板颈沟短，远离假盾区边缘，足基节Ⅰ内外距基部分离；气门板背突短钝，但明显。

若虫（nymph）：体长1.67~1.83mm，宽0.93~0.98mm，形态见图1-1-12。假头基三角形，从触须尖到基部的后缘0.38mm；后缘较直，后外侧缘稍凹。基底头状凸起，腹侧具圆形边缘，后外侧边缘凹。触须长约为宽的4.2倍，外廓近直，内廓凸出，前端圆润。第1节明显，单刚毛；第2节长度是第3节的2倍，4根背侧刚毛，3根前侧刚毛；第3节4根

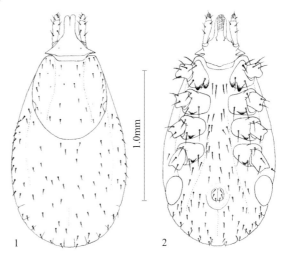

图1-1-12 若虫（1.背面 2.腹面）

（Kitaoka et al., 1981）

背侧刚毛，3根前侧刚毛；第4节位于中内侧表面凹陷内。口下板长约为宽的2.5倍；顶端钝圆；在前端齿式2|3或3|3，后方到基部2|2；小齿约3，8和9。

盾板长度和宽度不等，前边缘宽且深，肩突宽圆形；外缘逐渐分叉，后外连接至后缘呈宽圆形。颈沟较浅，末端达盾板后侧缘。刻点细而多，在后部尤其显著，眼睛在每个后外结合的苍白区域有一个轻微突出。腹部的每个后外接头旁有一个感觉感受器；肛门处，每个瓣膜上有3根肛毛。中等健壮的腿部，基节Ⅰ外骨刺宽呈三角形，略大于内骨刺。基节Ⅱ-Ⅳ各有宽圆形的外骨刺；无内骨刺。转节Ⅰ背侧无平板，腹侧无钢板。转节Ⅱ-Ⅳ中等长度，背侧表面近端轻微倾斜，逐渐向远端变细。

幼虫（laval）：未饱血时体长约0.83mm，宽约0.68mm（图1-1-13）。假头基背侧从触须顶端到基底后缘长0.16mm，宽0.20mm，背侧和腹侧轮廓与若虫相似（图1-1-14）；腹侧仅后外侧边缘凹陷；背侧有2个小的侧突，腹侧1对后刚毛。触须的外部轮廓凸出，每节长约为宽的2.5倍，第2节和第3节长度相等。第1节上有0号刚毛；第2节上有3根刚毛，背内侧1根，腹侧1根，腹内1根；第3节上有4根刚毛，背侧和腹侧各2根。口下板长度大约是宽度的2.7倍，小齿约7个或8个。盾板宽度是其长度的1.4倍，前边缘宽且浅，肩突圆形，外缘逐渐发散为凸出的后缘。颈沟较浅，超出鳞片中长。在后外侧接合处的区域，眼睛大，微凸。幼虫腿长，中等健壮。基节Ⅰ有1个宽圆形的骨刺状脊，延伸到后缘以外。基节Ⅱ、基节Ⅲ均较小，宽圆形脊连接到后缘。转节适度长，背面近端稍倾斜，远端逐渐变细。爪Ⅰ大于爪Ⅱ、爪Ⅲ；爪Ⅰ爪垫几乎达到爪的顶端弯曲。

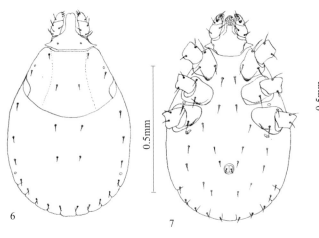

图1-1-13 幼虫（6.背侧 7.腹侧）

（Kitaoka et al.，1981）

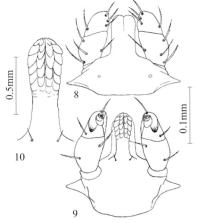

图1-1-14 假头（8.头状骨背侧 9.头状骨腹侧 10.下体腹侧）

（Kitaoka and Suzuki，1981）

雌虫：体卵圆形，大小约为2.6mm×1.2mm~4.5mm×3.5mm（包括假头），体表有很多白色短毛。

假头长，0.64~0.68mm。假头基五边形，宽0.42~0.44mm，两侧缘平行，后缘内弯；基突阙缺；孔区近梨形，宽短向内，位近假头基后缘，间距等于或略小于其短径。须肢长0.51~0.59mm；第2节长约2倍于宽，背面隆起；第3节明显短于第2节，前端圆钝。口下板长，两侧几乎平行；齿式为2|2，每纵列约12枚锐齿，外侧的齿列较强大。

盾板圆形，长宽约0.99mm×0.99mm~1.05mm×1.04mm，暗褐色，缘凹浅。肩突稍尖。颈沟浅，几乎达到盾板后缘。侧沟在盾板前半部分明显可见。刻点细而多，后部尤其显著。

三、发育史

硬蜱的发育为不完全变态，发育过程包括虫卵、幼蜱、若蜱和成蜱4个阶段。幼蜱、若蜱和成蜱3个阶段均需在宿主体上吸血，由幼蜱发育为若蜱、由若蜱发育为成蜱各需进行1次蜕皮。雌性成蜱和未成熟的蜱吸饱血时身体膨胀，雌性成蜱吸饱血体重可超过自身质量的100倍以上。吸食的血液用于蜕皮，进入下一个发育阶段或产卵。在3~30d产卵数量为100~10000个（因种类和温度而不同）。它们通常在泥土、洞穴和树叶下面产卵。雄性成蜱吸血量很少，饱血后体重增加不明显。硬蜱吸血缓慢，在宿主身上3~14d后落下。未成熟蜱饱血后，经过一定时间间隔后蜕皮，时间间隔的长短因蜱的种类和环境温度等的不同而异。

雌蜱、雄蜱在宿主体表进行交配；交配后吸饱血的雌蜱落地，爬入缝隙内或土块下静伏不动，一般经4~8d后开始产卵。随蜱的种类和外界气温不同，虫卵经2~3周或1个月以上孵出幼蜱。孵出的幼蜱爬到宿主体上吸血，此后的发育则根据其更换宿主的次数和蜕皮场所分为以下3种类型。

一宿主蜱：幼蜱、若蜱和成蜱都在同一宿主体上发育，2次蜕皮也在该宿主体上进行，雌性成蜱饱血后才离开宿主落地产卵，如微小扇头蜱等。

二宿主蜱：幼蜱和若蜱在同一个宿主体上寄生，而成蜱则寄生于另一个宿主，即幼蜱侵袭到第一个宿主体上寄生并蜕皮为若蜱，若蜱饱血后落地蜕皮为成蜱；饥饿的成蜱侵袭到第二个宿主体上寄生，交配饱血后的雌蜱再落地产卵，如残缘璃眼蜱等。

三宿主蜱：幼蜱、若蜱和成蜱分别在3个宿主体上寄生，2次蜕皮均在地面上进行，每期虫体饱血后都需要离开宿主落地蜕皮或产卵。如硬蜱属、血蜱属和花蜱属中的所有种，革蜱属和扇头蜱属中的多数种，璃眼蜱属中的个别种。

三宿主蜱产卵后卵在地上孵化，幼蜱孵出后到宿主体表开始吸血，吸饱血后落地蜕皮成若蜱，若蜱找到宿主后开始吸血（通常是中小型啮齿动物和鸟类），吸饱血后落地蜕皮为成蜱。成蜱攻击宿主（通常是大中型哺乳动物），雌性成蜱吸饱血后落下产卵，雄性成蜱吸血量很小，交配通常是在找到宿主后在宿主体表进行。雌蜱产卵后 1~2 周死亡，雄蜱一般能活 1 个月左右。虫卵发育至成蜱的时间因蜱的种类和气温而异，一般为 3~12 个月，有的可达 1 年以上。例如，微小扇头蜱（原名微小牛蜱）完成一个世代仅需 65~84d，在自然界中每年可发生 3 代。长角血蜱、森林革蜱、草原革蜱和残缘璃眼蜱生活周期较长，一年只发生一代。全沟硬蜱在实验室 25~28℃条件下，259~273d 完成一代。在自然界中，最低需要 3 年才能完成其生活史。

二宿主蜱与三宿主蜱的幼蜱和若蜱常寄生在小型兽类和鸟类的体表，成虫多寄生于大型动物体表。有些种类的蜱，各个活跃期都主要以家养动物为宿主。

在实验室条件下（平均温度为 26~32℃，平均湿度为 76%~82%），嗜群血蜱在不更换宿主（家兔）条件下完成其生活史最短需要 97d，最长达 144d，平均 120.5d，卵的孵化期平均为 24d；幼蜱的吸血前期、吸血期、蜕皮前期和孵化期平均时间分别为 1.5d、5.5d、12d 和 12d，若蜱分别为 1.5d、4d、10d 和 12.5d；成蜱吸血前期、吸血期、产卵前期、产卵期和死亡期平均时间分别为 0.75d、5d、5.5d、17d 和 6d。嗜群血蜱在更换宿主条件下，分别将幼蜱、若蜱和成蜱接种于兔、犬和黄牛身体上，完成其生活史最短需要 102d，最长达 148d，平均 125d，卵的孵化期平均为 22.5d；若蜱分别为 1.5d、4.5d、12d 和 13d；成蜱吸血前期、吸血期、产卵前期、产卵期和死亡期平均时间分别为 1.5d、5.5d、11.5d、14.5d 和 8.5d。

四、危害性

（一）直接危害

蜱叮咬宿主吸血时，可损伤宿主皮肤，造成叮咬部位的痛痒，使动物躁动不安，常摩擦甚至啃咬叮咬部位。损伤处皮肤引发继发性感染，引起皮炎和伤口蛆症等。当大量蜱虫寄生时，可引起宿主贫血、消瘦、发育不良、皮毛的质量低劣以及奶产量下降等反应。若大量寄生于头部、颈部或后肢时，蜱所分泌的毒素可引起宿主全身麻痹或后肢麻痹（蜱瘫痪）。当严重感染时甚至可导致动物出现死亡。

（二）间接危害

硬蜱可传播多种寄生虫病和传染病。例如，可传播梨形虫病、病毒性疾病（如马脑脊髓炎、森林脑炎等）、细菌性疾病（如炭疽病、布鲁菌病、野兔热等）以及立克次氏体病（如 Q 热等）等。

大熊猫：裘明华等（1987）在 11 只抢救及死亡的大熊猫体表均发现有蜱寄生，感染率为 100%，其中，在 1 只大熊猫体表采获 2~5 种蜱，蜱寄生数量约达 2000 只。马国瑶（1987）

曾在甘肃文县1只野生大熊猫体上采到6种蜱，共103只，其中，血蜱占95.15%。

在大熊猫体表发现的蜱已有13种（锐跗硬蜱、粒形硬蜱、卵形硬蜱、长须血蜱、褐黄血蜱、豪猪血蜱、北岗血蜱、长角血蜱、大刺血蜱、猛突血蜱、汶川血蜱、熊猫血蜱和台湾革蜱），其中，血蜱占9种。血蜱分布较广，对大熊猫危害较严重。蜱的感染多见于野生大熊猫，但圈养大熊猫也可感染。一般是多种蜱混合寄生，且各种蜱在同一大熊猫个体的感染程度不尽一致。在已发现的13种蜱中，以褐黄血蜱和锐跗硬蜱分布最广，危害最严重。

蜱主要寄生于大熊猫的腹部、四肢内侧、颈部、眼眶周围等被毛稀疏的部位。初吸血的蜱，吸饱血后，其身体可增大几倍乃至数十倍，状如小球，其吸血量可达1mL左右。蜱的寄生数量少则数十个，多则上千个。少量寄生时，症状不明显；大量寄生时，表现为被毛粗糙杂乱、消瘦和贫血，蜱叮咬的部位可引起皮肤病及相关反应，如炎症、瘙痒、肿胀、溃疡，严重时大熊猫会出现厌食、体重减轻、发育受阻，呈重度营养不良体况。蜱寄生引起的失血，在少量寄生时影响不大，但在大量蜱寄生时，可引起大熊猫严重贫血。某些种类的蜱能分泌毒素，可使大熊猫出现严重的瘫痪与昏迷。混合寄生的各种蜱的危害程度与其吸血量及寄生的数量有关。但根据已有的报道，总体来看，又以血蜱在分布、数量、种群组成及吸血量等方面对大熊猫的危害最大。蜱的寄生吸血，可引起大熊猫贫血、营养不良与衰竭，是导致野生大熊猫死亡的原因之一。

五、诊断

根据症状和用肉眼仔细检查动物体表检出蜱，即可作出初步诊断。

六、防治

（一）杀灭动物体上的蜱

1. 机械法

即用手捉除蜱。除蜱时应避免假头被拔断而导致蜱虫躯体留置于皮肤内，故应使蜱与动物的皮肤成垂直状往上拔出。除蜱时，需要将动物加以保定，从而预防动物的脚踢、角顶或嘴咬。除下的蜱应立即杀死。但这种方法仅适合在蜱寄生数量较少时或用作辅助方法。

2. 药物灭蜱

以外用药物毒死蜱。用0.0025%~0.005%溴氰菊酯（商品名为倍特）、0.0025%二嗪农（商品名为螨净）等杀螨药物进行药浴、喷洒、涂擦或洗刷大熊猫，尽量避免其舔舐；还可采用伊维菌素（剂量为每千克体重0.2~0.3mg）等药物喂服或注射；外用福莱恩滴剂，用药剂量为每千克体重6ml，用于颈背部皮肤，防止大熊猫舔舐。

（二）杀灭动物圈舍内的蜱

用黄泥、石灰、水泥等堵塞宿主生活环境中的所有缝隙；定期用杀蜱药物处理圈舍，如定期洗刷笼舍的柱子、地板、墙壁、墙缝等。

（三）杀灭外界环境中的蜱

1. 改变蜱的孳生环境

如结合人工造林，清除杂草、灌木丛；翻耕土壤，栽种牧草和农作物等改变蜱的孳生环境而降低蜱的数量。

2. 药物防控

对于环境中的蜱要注意清除。可采用1%阿维菌素乳液用4000倍水稀释后喷洒；6%复方氯菊酯水溶液用500倍水稀释后，用电动喷雾器喷洒。也可用杀灭菊酯1∶2000倍稀释，喷洒笼舍周围的步道、水沟及道路场地。

对蜱密度很高的草场用杀蜱药物（如毒死蜱和马拉硫磷等）进行超低容量喷雾灭蜱。

（四）加强检疫

对引进的或输出的动物均要进行检查和灭蜱工作。

（五）免疫预防

国外已有商业化的微小扇头蜱重组亚单位疫苗应用于动物蜱的免疫预防。

七、生物防控

即利用蜱的天敌进行防治，控制蜱的种群数量。在国外已有报道利用蜱的天敌进行防控。已发现的蜱的天敌有膜翅目跳小蜂科的几种寄生蜂；猎蝽科的昆虫；一些真菌，如白僵菌、绿僵菌和烟曲霉等，均有明显的灭蜱效果。膜翅目跳小蜂科的寄生蜂可在蜱的幼蜱、若蜱和成蜱体内寄生，当蜱发育为成蜱后才从蜱体内飞出，蜱因寄生蜂寄生而死亡。因此，利用寄生蜂可控制环境中蜱的种群密度。

八、公共卫生

与在其他动物寄生的蜱虫一样，大熊猫寄生蜱虫对人类健康也具有潜在公共卫生安全隐患。其作为自然疫源性疾病的传播媒介，可通过自然叮咬吸血，将病原体经涎液注入到人体，导致人类感染；也可以在吸血过程中，蜱虫排出的含有病原体的粪便或基节液，通过伤口或皮肤黏膜，侵入人体造成感染。考虑到夏季是蜱虫活动的高峰期，因此在夏季减少或避免和大熊猫寄生蜱虫接触，可以有效降低蜱传疾病的威胁。同时，号召相关部门及流行病学、微生物学、寄生虫学、昆虫学、动物学、生态学等科研工作者开展大熊猫蜱虫流行病学调查，查清其可能携带的自然疫源性疾病，特别是人畜共患病，从而提出科学、有效的防治策略和措施，可为大熊猫保护生物学及人类健康提供保障。

第二章　大熊猫足螨病

大熊猫足螨病是由痒螨科（Psoroptidae）足螨属（*Chorioptes*）的大熊猫足螨（*Chorioptes panda* sp. nov.）寄生于大熊猫体表而引起的一种顽固性、传染性皮肤病。

（一）病原

大熊猫足螨，由 Fain 和 Leclerc（1975）在我国赠送给法国巴黎文森动物园的大熊猫身上首次发现，并确定为新种。此后，在我国重庆、上海、成都等动物园均有发现，是圈养大熊猫体表最常见的寄生虫。王敦清等（1985）对寄生于大熊猫的大熊猫足螨雌螨、雄螨、幼螨、前期若螨、后期若螨及雄螨与雌螨若螨交配体进行了详细的形态描述。该螨还可感染黑熊（邬捷和钟顺龙，1989）。

雌螨：体近圆形，大小为（326~347）μm×（288~298）μm，颚体较小，螯肢粗壮，螯钳上具有发达的齿（图1-2-1）。体背面前方具有1对顶毛。体前部具背板1块，呈长钟形，长107μm，最宽处为70μm。背板后缘下外侧具1对长约245μm的感毛和1对短毛。感毛外侧有1对肩毛。背面中部至体末端共有8对毛，其中，位于亚末端的1对最长，长约443μm。体表背腹两面均具明显的表皮纹。各足均由6节组成，各足基节均具明显的角化突，足Ⅱ基节具有1对胸毛，足Ⅲ基节和转节外侧的体壁上具有1根较长的毛，长约227μm。足Ⅲ基节不甚发达，其基节内侧具1根毛。跗节上具2根最长的毛，长分别为639μm和470μm。足Ⅳ基节细长，跗节上也具1根长毛。除足Ⅲ外，足Ⅰ、足Ⅱ、足Ⅳ跗节末端均具1个由不分节的短柄上生出的膜状前跗节。生殖孔开口于足Ⅱ、足Ⅲ基节的角化突之间，孔呈"∩"形。孔两侧各具1个角化突。角化突内侧各具1根毛，生殖孔下缘两侧具1对纵生的角化突，其外侧各具2个微小孔，孔的后下侧具1对毛。肛板位于体末端，肛侧毛位于肛孔前缘的水平线上。肛板外侧具2对毛，分列两侧。

雄螨：大小为（272~288）μm×（261~277）μm，体末端具1对后腹叶突，体表的表皮纹明显，颚体似雌螨，背板2块（图1-2-2）。前背板长72μm，最宽处宽51μm，后背板似矩形，边缘呈不规则形状，大小为132μm×128μm。后背板向体末延伸，盖住整个后腹叶突。后背板上具2对刚毛，1对位于板的亚中部，另1对位于板的后侧角。后腹叶突末端有5根毛。足Ⅲ基节间有1块椭圆形的生殖板，大小为26μm×17μm。板中央有插入器，生殖板两侧各具2个微小圆孔和1根毛，足Ⅲ、足Ⅳ基节内侧各具1根毛。肛孔两侧具1对肛侧吸盘。足Ⅲ发达，足Ⅳ退化变小。各足具膜状前跗节，足Ⅲ跗节另具一长鞭毛。

第二若螨：颚体同成虫，但略小，大小为（262~279）μm×（232~251）μm。背板似雄螨，长70μm，最宽处宽5μm。感毛长约190μm。体中部至末端体壁上具有6对毛。其他同雌螨。无生殖孔和角突，仅在足Ⅲ和足Ⅳ基节内侧具4对毛。肛板两侧缘具4对毛，其中1对很长，约31μm。足Ⅳ细小，不发达。足Ⅲ跗节的2根长毛及足Ⅳ跗节长毛的长度分别为720μm、410μm和200μm。

第一若螨：形态与第二若螨极为相似，不同点是：①体较第二若螨小，大小为（228~236）μm×（208~213）μm；②足Ⅲ基节间微小孔仅1对；③小孔附近仅1对毛位于足Ⅲ和足Ⅳ基节的内侧。

幼螨：体近圆形，大小为（187~193）μm×（155~164）μm。颚体似若螨，具一块前背板，长53μm，最宽处42μm。感毛长120μm。体中部至末端具5对小毛。体腹面足Ⅲ基节内侧仅1对毛。足Ⅲ跗节上有2根长毛，长度各为400μm和295μm。缺肛侧毛。

图1-2-1　大熊猫雌性足螨
（杨光友和张志和，2013）

图1-2-2　大熊猫雄性足螨
（杨光友和张志和，2013）

（二）生活史

足螨的生活史包括卵、幼螨、若螨和成螨4个阶段（图1-2-3）。足螨的一生都是在宿主身上度过的，并能世代相传地生活在同一宿主身上，整个发育过程约需3周（Wall and Shearer，2001）。

（三）流行病学

大熊猫足螨病为接触性传染皮肤病，可以通过健康大熊猫与患病大熊猫的直接接触或间接接触被足螨污染的用具、草垫及兽舍环境等而感染，其传染速度快、感染率高。在阴雨潮湿的气候环境下，更易发病。大熊猫足螨又称为熊猫皮螨（或熊猫痒螨），幼年大熊猫、产仔大熊猫及年老体弱的大熊猫更易感染。黑熊也可感染熊猫足螨并可发病（邬捷和钟顺龙，1989）。

（四）临床症状

足螨寄生于宿主皮肤表面，特别是细嫩的皮肤上，采食脱落的上皮细胞，如皮屑、痂皮等。患病动物皮屑脱落，患处脱毛，皮肤发红，增厚，有散在小结节、水疱或痂皮，被毛常被擦断而显得稀疏；剧痒不安，常用前后肢交替抓痒。特别是在宿主营养状况和养殖条件差时症状更加明显。

大熊猫足螨寄生于大熊猫被毛较稠密的部位，如背部、颈部、头部和耳根等处。在眼眶周围易见脱毛和虫体（图1-2-4）。食欲时好时坏，时间一长，动物出现渐行性消瘦。天气暖和时，仔细观察，可见大量痒螨从被毛密集区爬到毛尖上，常多个聚集在一起，呈团状，肉眼观察虫体呈褐色，大熊猫活动时，常又从毛尖爬回毛根。除因螨直接叮咬导致熊猫身体损害外，叮咬所形成的结痂和水疱破裂还可引起继发性细菌感染。

大熊猫足螨也可引起黑熊发生严重的皮肤病，瘙痒不安，脱毛显著，被毛上密布一层淡红色的尘土状的螨。

图1-2-3　交配中的大熊猫足螨　　　图1-2-4　大熊猫眼部周围的熊猫足螨

（五）诊断

根据临床症状可以作出初步诊断。确诊需查找到足螨虫体。刮取痂皮、皮屑在显微镜下检查发现大量的足螨虫体可确诊。常规病原学检查方法有以下两种。

（1）热源法

将待检的皮屑放于培养皿内或黑纸上，放入25~37℃的培养箱内0.5~1h后，移出皮屑，用肉眼观察可见白色虫体移动。

（2）漂浮法

将刮取的皮屑放入装有10%氢氧化钠或氢氧化钾的试管内煮沸数分钟（或浸泡2h），

离心5min后取沉淀物于显微镜下观察，或往沉淀物中加60%硫代硫酸钠溶液满于管口，静置5~10min，用载玻片直接蘸取液面镜检。

（六）治疗

伊维菌素：按每千克体重0.2mg的剂量，皮下注射，隔1周后重复治疗1次，连用2~3次。

埃普菌素（eprinomectin）：按每千克体重0.16mg、0.24mg和0.5mg的剂量给药治疗足螨的有效率均可达到95%以上，且药效可维持6周（Shoop et al., 1996）。按每千克体重0.5mg的剂量，隔周局部用药一次，共用4次，对减少大熊猫体表的足螨具有较好的效果（D' Alterio et al., 2005）。

多拉菌素：按每千克体重0.3mg的剂量，一次肌内注射，2周后重复治疗1次。

莫西菌素：按每千克体重0.2mg的剂量，一次皮下注射；或使用0.5%浇注剂外用。

12.5%氟氯氰菊酯悬浮剂：幼年大熊猫用原药稀释400倍，成年大熊猫用原药稀释300倍对患病大熊猫喷洗，并同时以相同浓度对场地进行喷洒杀虫。在熊猫洞内用喷灯施行墙壁和地面火力高温干燥杀螨。同时，在运动场喷洒硫黄粉进行预防性杀螨，可取得明显效果。

此外，可用0.005%溴氰菊酯（倍特）、0.025%二嗪农（螨净）及0.05%双甲脒，采用涂擦或喷雾方式治疗动物的足螨病。

（七）预防

保持动物厩舍（笼舍）清洁干燥、通风、透光、不拥挤。经常刷洗动物体表。定期用杀螨剂喷洒厩舍（笼舍）和饲具。对小型笼舍可用水煮消毒。在疥螨病的常发地区，定期对动物检查，一旦发现可疑动物，立即隔离治疗。新引进的动物，隔离观察15~30d，确诊无螨后方能合群。

兽医和饲养人员接触患病动物时应进行严格的安全防护，以防人体感染。

第三章 大熊猫蠕形螨病

大熊猫蠕形螨病（又称毛囊虫病或脂螨病）是由蠕形螨科（Demodicidae）蠕形螨属（*Demodex*）的大熊猫蠕形螨（*Demodex ailuropodae*）寄生于大熊猫的毛囊或皮脂腺引起的一种慢性皮肤病。

（一）病原

大熊猫蠕形螨是一类小型螨，寄生于大熊猫的毛囊和皮脂腺内（图1-3-1和图1-3-2）。该螨是由徐业华等（1986）在大熊猫身上发现的一个新种。

雄螨：体长160.4~172.9μm，虫体分为颚体、足体与末体3部分。颚体呈梯形，大小为29.2μm×23.8μm，亚颚基毛微小，位于咽泡两侧稍前位置。咽泡马蹄状，但较细长，大小为4.6μm×2.3μm。背基刺1对，呈弯曲锥刺状，尖端指向中间，背基刺基部距离为11.4μm。螯肢尖状，触须1对，末节有爪突6个。足体大小为48.4μm×36.4μm，雄螨生殖孔位于足体背面，开口在足Ⅰ之间水平线的中央，呈纵裂状。阴茎毛笔状，长为22.3μm，背足体毛2对，为小结节状，排列于生殖孔的四角，分别在足Ⅰ与足Ⅱ之间的水平线上。足4对，每足跗节具有跗爪1对，呈锚状。末体大小为95.3μm×29.6μm，表皮具细环纹，末体后端较雌螨尖细，无肛道。

雌螨：体长为213.1~236.8μm。颚体与雄螨相似，大小为25.7μm×31.9μm。足体大小为60.3μm×46.4μm。背面表皮有纵向皮纹，在足Ⅲ之后背面皮纹呈环状。背足体毛2对，呈梭形，各位于足Ⅰ、足Ⅱ水平线的两侧。末体大小为127.1μm×38.1μm。表皮具细横纹，末体后端较钝圆。阴门位于第4后侧片连接处后方，呈纵裂缝，长为8μm。肛道明显，靠近后端，较粗短，末体侧面观，可见由开口处向后伸，呈管状弯曲。

若螨：形态似成螨，大小为141.5μm×39.8μm。具有4对足，每足前缘有1对尖齿爪，每足之间有1对3尖齿爪突状腹盾片。

幼螨：梭形，大小为122.7μm×27.1μm。颚体与成螨相似，具有3对足，每足前缘具有单个3尖齿爪，每足之间有1对较小的乳突状腹盾片。腹盾片之间有明显的纵皮纹。

虫卵：纺锤形，大小为88.8μm×27.0μm，一端较钝圆，另一端较细，有的卵内可见已发育的幼虫。

（二）生活史

大熊猫蠕形螨的整个发育过程都在宿主体上进行，包括虫卵、幼螨、前若螨、若螨和成螨5个时期，一般需要18~24d。雌螨产卵于宿主皮肤毛囊内，卵孵化为3对足的幼螨；幼螨蜕皮发育为前若螨。前若螨具3对足，蜕皮发育为若螨。若螨具4对足，形似成螨，但生殖器官尚未发育成熟，发育后再经蜕皮发育为成螨。它们多先寄生于发病动物皮肤毛囊的上部，而后在毛囊底部，很少寄生于皮脂腺内。

（三）流行病学

蠕形螨病呈世界性分布，且一年四季均可发生，但主要发生在潮湿、闷热的夏秋季节和寒冷的冬季，主要是患病大熊猫与健康大熊猫相互接触而感染。蠕形螨能够在外界存活多日，因此不仅可以通过直接接触感染，而且还可以通过媒介物间接感染。该病流行主要有以下几个特点：①幼龄动物发病率明显高于其他年龄组动物；②群养动物的发病率明显高于散养动物；③发病率与宿主种类有关，性别差异不明显；④发病率与季节、气候及环境因素有关，春夏之交与初冬换毛季节发病率较高，南方潮湿的气候环境较干燥的北方环境发病率高，还与饲养环境的卫生状况密切相关；⑤部分发病动物有明显的直接接触感染特点。此外，国内外都有人和动物交叉感染的病例报道（王彦平等，1998）。

大熊猫感染的蠕形螨以寄生于毛囊中的虫体数量最多。宋朝军和周永华（1991）研究发现，在138个毛囊漏斗部，被虫体寄生的有136个（占98.55%），其中，74个（占54.41%）含虫1~5条，48个（占35.29%）含虫6~10条，另14个（占10.29%）除有1个毛囊含虫高达40余条外，其余含虫11~16条。但皮脂腺及结缔组织内未见虫体寄生。在190条虫体中，颚体朝下的有182条（占95.79%），颚体朝上的仅有8条（占4.21%）。

蠕形螨的活力较强，对温度、酸碱度和某些药物均有一定的抵抗力。在环境温度为36℃左右时，存活时间最长为94~95h；在0℃或5℃时存活时间明显缩短。75%乙醇、3%来苏尔15min才能杀死蠕形螨，0.1%的新洁尔灭对其几乎无灭杀作用（姜淑芳等，2002）。但是，蠕形螨对高温、干燥和碱性环境的抵抗力较弱。动物蠕形螨具有相当强的活动能力，大熊猫蠕形螨、犬蠕形螨和虎蠕形螨的爬行速度分别为598.4μm/min、370.6μm/min和292μm/min，均较人蠕形螨的爬行速度快。同时，虎蠕形螨的耐寒性较强，在0℃平均可存活10.5d（施新泉等，1992）。

（四）临床症状

动物感染蠕形螨后，多无明显症状，仅在患部皮下形成大小不一的囊肿，小的如针尖，大的如胡桃；囊肿内含粉状或脓性黏稠液体，内含很多蠕形螨、表皮碎屑及脓细胞；痒觉轻微或无痒觉。各种动物有其固定寄生的蠕形螨，且寄生部位各不同，但临床症状却有一定的共同性。根据临床表现，动物蠕形螨病可分为鳞屑型、脓疱型、结节型。

鳞屑型：主要是在眼睑及其周围、额部、鼻部、嘴唇、颈下部、肘部和趾间等处发生脱毛、秃斑，界限极明显，并伴以皮肤的轻度潮红和癞皮状脱屑，皮肤可能显得略微粗糙而龟裂，或者带有小结节。患部几乎不痒。有的长时间保持本型，有的转为脓疱型。

脓疱型：本型有的是从鳞屑型转变而来，有的病初就是脓疱型。发生于颈、胸、股内侧及其他部位，严重病例可蔓延全身。患部充血肿胀，产生芝麻大的硬结节，逐渐变为脓肿，脓疱呈蓝红色，压挤时可排出脓汁，内含大量的螨虫和螨卵。皮肤肥厚，往往形成皱褶，被覆有痂皮和鳞屑，被毛脱落，脓疱破溃后形成溃疡，多数有恶臭味。脓疱型几乎没有瘙痒，如果有剧痒可能是混合感染。

结节型：病变主要发生在肩胛、四肢、颈等处，患部皮下可触摸到黄豆至蚕豆大小、圆形或近圆形、高出皮肤的结节，有时结节处皮肤稍微呈红色，部分结节在皮肤上形成小孔，挤压时可经小孔挤压出干酪样内容物。由于感染蠕形螨的宿主种类和个体不同，临床上表现出的皮肤损伤也不同。

大熊猫感染蠕形螨常表现为瘙痒不安，常在门角、墙棱或其他较尖锐的物体上摩擦，或用前肢抓痒，有时啃咬患病的指、趾部。患病大熊猫的头部、鼻部、面部、颈部、背部、臀部、肘部和腿部两侧被毛出现稀少、易断、干燥无光泽或成片脱落，皮肤出现变厚、起皱、发炎、变红并伴有剧痒，有灰白色的薄痂皮或银屑。特别是眼睑常出现肿胀，面部皮肤常形成粟粒至黄豆样大小结节，用手挤压结节，有少量脓液流出，镜检可查到蠕形螨。蠕形螨一经感染，很难根除。幼年大熊猫易感染，成年大熊猫可产生免疫力，病变局限于眼周皮肤。

（五）诊断

临床诊断：通过各种动物的临床表现，以及患病部位的病变等可对该病作出初步诊断。

实验室诊断：刮取或切破皮肤上的结节或脓疱取其内容物，置载玻片上，加甘油或10%氢氧化钾，再加盖玻片，低倍显微镜检查，发现虫体即可确诊。有时还可经离心机1500r/min离心5min，取沉淀物进行镜检发现虫体即可确诊。

辅助诊断：血沉加速、血红蛋白值下降和白细胞数增加，尤其是嗜酸性粒细胞比率上升也可作为辅助判定标准。

免疫学诊断：由蠕形螨的虫卵、幼虫、成虫及其代谢产物制备可溶性抗原建立的Dot-ELISA方法可用于本病的辅助诊断及流行病学调查。

（六）治疗

发现动物患病时，首先应将其隔离，并对一切被污染的场所和用具进行消毒。同时，加强对患病动物的护理。治疗可采用下列药物。

伊维菌素：按每千克体重 0.2~0.3mg 的剂量，皮下注射，7~10d 后重复一次。特别要注意连续注射 3 次以上，但对处于怀孕和哺乳个体不宜使用。

多拉菌素：按每千克体重 0.3mg 的剂量，肌肉注射。

塞拉菌素：按每千克体重 6mg 的剂量，外用。

氯氰碘柳胺钠：按每千克体重 10mg 的剂量一次喂服，7d 后再用同样剂量服一次。

此外，可用 10% 烟叶硫黄水溶液全身喷洒；0.02%~0.05% 溴氰菊酯水溶液全身喷洒；肤美灵软膏局部涂抹；苯甲酸苄酯乳剂涂搽患部，每天一次；各类中药（如蒲公英提取物、艾叶精油、桉叶油、黄柏提取物等）也可用于治疗。

蠕形螨除寄生于皮肤和皮下结缔组织外，还能寄生于淋巴结内，故治疗脓疱型蠕形螨病时，必须兼用局部疗法与全身化学疗法，并辅以抗生素疗法。

（七）预防

加强饲养管理，保持动物居住环境宽敞、干燥和通风，避免潮湿拥挤，以减少动物之间相互感染的机会。还可用火焰消毒或喷洒长效杀虫药。搞好清洁卫生和动物饲养环境及用具的定期消毒和杀虫工作，以消灭环境中的螨。注意观察新进的动物，无螨者方可合群饲养。对患病和带螨的动物要及时隔离治疗，防止病原蔓延。

第四章 大熊猫蠕形蚤病

大熊猫蠕形蚤病主要是由蠕形蚤科（Vermipsyllidae）鬃蚤属（Chaetopsylla）的圆钩鬃蚤（Chaetopsylla mikado）和大熊猫鬃蚤（Chaetopsylla ailuropodae）寄生于大熊猫体表引起的一种外寄生性吸血性疾病。

（一）病原

1. 圆钩鬃蚤 Chaetopsylla mikado

头额突为脱落型，较大，如火山喷口样。下唇须6节，其长度接近前足基节末端，触角棒节长椭圆形，稍不对称，明显分为9小节，梗节上具长鬃，超过棒节末端。眼鬃列4根，眼下颊叶无鬃，后头2列鬃，各2~3根。胸的前、中、后胸背板各具1、2、3列鬃，后胸后侧片有2列鬃，共8根，后足股节内侧12根鬃，外侧13根鬃，其第2、3跗节的长端鬃各超过次节的末端，第4跗节的末端长鬃超过第5跗节之半。腹、中间背板各具2列鬃，自第四背板起在气门下均无鬃，第7节腹板后缘近中部微凹，板的中腹部有1列鬃6根，较粗大。受精囊头部骨骼化，色深，扁椭圆形，大小为0.096mm×0.058mm，尾长弯管状，色淡，长0.160mm，宽0.037mm，尾长为头长的1.66倍。交配囊管骨骼化，呈"C"字形弯曲，第8背板气门上方有2列鬃6根，较粗短，气门下有2列鬃6根，较粗长（图1-4-1）。

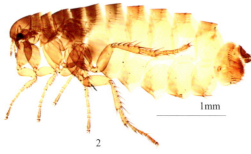

图1-4-1　圆钩鬃蚤（1.雄蚤 2.雌蚤）（Nitta, 2017）

2. 大熊猫鬃蚤 Chaetopsylla ailuropodae

形态近似圆头鬃蚤（C. globiceps，图1-4-2）。体长3.7~5.0 mm。头部额鬃1列，眼鬃列4根，眼下颊叶具1根鬃，位于眼的后下方。后头鬃3列，下唇须由5节组成。前胸背板上具1列鬃，7~10根。中胸背板上具3列鬃，后胸背板上具3列鬃，后胸后侧片上具2列鬃。后足胫节外侧，从上往下生有鬃7~12根。后足第2跗节所生的长鬃，

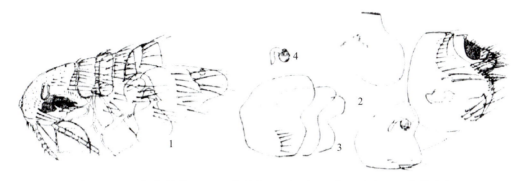

图 1-4-2　大熊猫鬃蚤（1.头胸部 2.尾端 3.第Ⅶ腹板 4.受精囊）
（Nitta，2017）

可超过第 4 跗节。腹部第Ⅰ-Ⅱ背板上各具 3 列鬃，第Ⅲ-Ⅶ背板上各具 2 列鬃。变形节第Ⅶ腹板后缘中部具小的圆窦或近圆窦。受精囊头部椭圆而骨骼化，尾部色淡而长于头部，末端具有明显的乳突。受精囊管呈窄"C"形，但后部较长。

（二）生活史

蠕形蚤的生活史包括虫卵、幼虫、蛹、成虫 4 个阶段，属于完全变态发育。虫卵、幼虫和蛹夏季在地表面发育，特别是高山牧场上特有的温度和湿度条件对它们的发育有利。成虫于晚秋开始侵袭动物，冬季落地产卵，初春死亡。分布在青海省的蚤类成虫从 10 月开始出现，12 月达高峰期。雌蚤吸血后与雄蚤交配，交配一次的精子可供雌蚤终生产卵所用，雌蚤产卵量与其吸血量呈正相关。

（三）流行病学

蚤类几乎广泛分布于全球各大洲，多数蚤种的分布表现出明显的地域性，而且与其宿主分布相关。寄生于有蹄动物的蠕形蚤广泛分布于古北界的吉尔吉斯斯坦、哈萨克斯坦、蒙古、中国和尼泊尔的牧区。我国华北、西北和西南有大片的天然牧场，是蠕形蚤生存的最佳场所。全世界记录的蠕形蚤有 3 属 16 种和亚种，我国已发现的有 15 种。青海省是我国蠕形蚤分布种类最多的省份，青海海拔 2500~5000m 的山区均可发现蠕形蚤，半农半牧区少见，纯农业区则无。在高山草甸草原，家养及野生的有蹄类动物体上可采集到几十、几百、几千乃至几万只蠕形蚤。

蠕形蚤除 2 种常见于秋季外，其余均见于冬季。10 月可见少数蠕形蚤出现，11 月突然增多，12 月达到高峰，以后逐渐减少，到翌年 4 月末为止。初羽化的蚤颇为活跃，吸血后，雌蚤腹部迅速变大，活动变缓，最后因种类不同而选择适应部位呈半固定型寄生。蠕形蚤虽然出现在寒冷的季节，但喜欢的还是较温暖的环境。因此，不管是家养的有蹄类，还是野生的有蹄类动物，经常生活在阳山坡者，寄生的螨形蚤就多，阴山坡者则少。

一种动物可以寄生1种或2~4种螨形蚤，也有前2~3个月寄生一种，后2~3个月寄生另一种螨形蚤的现象。螨形蚤因蚤种及其发育阶段的不同，在宿主体上的寄生部位也有所不同。初羽化的螨形蚤腹部不大，颇为活跃，常活动在宿主的臀部及颈部，雌蚤吸血后腹部迅速膨大，活动相当缓慢，为了生存最后选择比较安全的颈部及前肢之间，呈半固定型寄生，且又把雄蚤吸引过来。雄蚤在雌蚤之间挤来挤去，此时可发现许多正在交配的成对螨形蚤。

（四）危害性

螨形蚤不仅危害动物，一些种类还是人类重要疾病的传播媒介。蚤类对动物的危害可分为直接危害和间接危害两个方面。

（1）直接危害

直接危害表现为吸取宿主大量血液，引起宿主的皮肤发炎和瘙痒，且在寄生部位排出带血色的粪便和灰色虫卵，寄生毛污染呈污红色或形成血痂，尤其白色被毛寄主更明显；严重感染时可引起寄主迅速贫血、水肿、消瘦、虚弱，甚至死亡。

（2）间接危害

蚤类除叮刺吸血对人和动物造成骚扰、损伤和失血等危害外，也是多种疾病病原体的传播媒介和储存宿主，而最严重的是可作为腺鼠疫、地方性斑疹伤寒和绦虫病等重要传染性疾病的传播媒介。

（五）诊断

根据症状和用肉眼仔细检查体表检出蚤，即可作出初步诊断。

（六）防治

（1）环境灭蚤

环境灭蚤可选用以下几种方法。

悬浮剂类杀蚤药物：5%高效氯氰悬浮剂，用量为150mL/m^2，24h后杀灭效果为98%，7d后效果可达100%；2.5%溴氰菊酯胶悬剂，按80~100mL/m^{2}使用，24h杀灭效果为93.3%，1周后效果达100%。

粉剂类杀蚤药物：0.075%溴氰菊酯粉剂，10 g/m^2 灭蚤率可达85%。

其他可用于防治螨形蚤的杀虫粉剂的名称和使用浓度：马拉硫磷5%；杀螟硫磷2%；林丹3%；倍硫磷2%，用量为100g/m^2，害虫敌2%，用量为50g/m^2；残杀威1%；氯氰菊酯 0.005%。

烟雾剂灭蚤药：用 YE-A 型烟雾杀虫剂（菊酯类与有机磷类混配）灭蚤有较好的效果，在较密闭的空间，按空间计算杀虫剂用量为 1204mg/m^2，灭蚤率可达 99.48%。

（2）动物体灭蚤

动物体发现虫体时，可选用下列药物治疗。

伊维菌素：按每千克体重 0.2~0.3mg 的剂量，皮下注射 2~3 次，隔 2 周一次。

塞拉菌素：按每千克体重 6mg 的剂量，外用。隔 2 周使用一次。

多拉菌素：按每千克体重 0.3mg 的剂量，1 次肌肉注射。

莫西菌素：按每千克体重 0.4mg 的剂量，喂服，1 周 1 次，连用 2~3 次。

在流行地区，对于蚤的幼虫孳生场所，要清扫地面并喷洒杀虫药。杀虫药可用菊酯类（溴氰菊酯、氰戊菊酯等）、有机磷类（蝇毒磷、倍硫磷等）或甲荼威等杀虫药喷洒杀虫。应用药物灭蚤要全面、彻底，兽体灭蚤和环境灭蚤相结合，才能达到彻底灭蚤的目的。

（3）预防性灭蚤

处理繁殖地和栖息地时，要消灭室内地面游离蚤、鼠体和清扫孳生地等。保持环境清洁干燥，防止蚤类的孳生繁殖。加强建筑物的防鼠设施。

（4）加强检疫

蚤类同其他媒介生物一样可借火车和客运车传播，并随宿主动物跨国界、跨地区迁入迁出，在迁入地繁殖，最后形成种群，给当地造成威胁和危害，应加强对进出境交通工具、动物的媒介生物监测和杀灭工作。

第五章 丽蝇

目前,世界丽蝇科有1000多种,中国有150多种,分布广泛,成虫除了在肉、腐肉上产卵外,也可以在伤口内产卵,引起蝇蛆症。成年蝇大小通常介于家蝇和麻蝇之间,一般呈现蓝色、铜绿色或黑色,具有鲜艳的金属光泽(图1-5-1和图1-5-2)。青蝇和丝光绿蝇的名称来自这些蝇的颜色,故又叫作绿头苍蝇。除了少数(如嗜人锥蝇)是专性寄生虫外,多数丽蝇都是腐生或兼性寄生虫。

图1-5-1 宽额丽蝇(Liang et al., 2019)　　图1-5-2 红头丽蝇(Liang et al., 2019)

(一)生活史

蝇的生物学中,原发性蝇蛆病是指那些需要一个活的宿主为其幼虫提供食物的蝇蛆病。继发性蝇蛆病是指那些通常以尸体和腐肉为食的蝇类引起的疾病,这类蝇有时还在因虚弱、疲劳、创伤、污染或不能移动的动物体上发育。蝇蛆病根据其病变部位分为耳蝇蛆病、鼻蝇蛆病等。兼性寄生性丽蝇可以被很多情况吸引,如化脓性伤口、尿液、呕吐物、粪便污染的皮肤或蓄积在潮湿被毛里的细菌分解产物。一旦它们在渗出液或坏死组织中定居下来,某些种类随后就可以侵入活组织。丽蝇成蝇被吸引到粪便、尿液污染或长期潮湿而出现细菌繁殖并产生异味的被毛部位觅食和产卵,这些部位多为会阴、包皮,在多雨季节也包括被雨淋湿的体侧、肩部、颈腹侧被毛。蝇蛆在皮肤表面以皮屑和渗出物为食,偶尔钻入深层组织。当准备化蛹时，铜绿蝇的幼虫直到夜间才离开动物尸体。这样高度特异性寄生的蛹和羽化的成蝇就会聚集在它们宿主的休息场所周围。一旦铜绿蝇开始侵袭，其他蝇种也会被吸引到损伤部位采食和产卵。随着病程的发展，这些非特异性入侵者就会取代铜绿蝇，在短短几天内，由于蝇蛆寄生部位毒素的吸收，动物生存能力迅速下降，甚至导致死亡。最终，腐生性种类侵入尸体并将其分解为毛和骨。

（二）防治

用伊维菌素和多拉菌素联合皮下注射，对预防蝇蛆病有一定效果。治疗蝇蛆病，可使用二嗪农溶液作为喷雾剂、浸渍剂或局部用于感染部位，用药前，应先剪掉被污染或寄生有蝇蛆的被毛。

参考文献

白学礼，陈百芳，顾以铭，1995.宁夏医学蚤、蜱、螨、虱的区系分布.宁夏医学杂志，17（1）：1-8.

BAIZHANOV M，BERKINBAY O，2004.哈萨克斯坦家畜和野生动物的皮蝇蛆病.中国兽医寄生虫病，12（增刊）：183-184.

陈泽，杨晓军，刘敬泽，2007.蜱螨高级分类阶元部分问题的讨论.昆虫分类学报，29（3）：6.

邓国藩，姜在阶，1991.中国经济昆虫志·第三十九册·蜱螨亚纲·硬蜱科.北京：科学出版社

邓国藩，1989.中国蜱螨学摘要.北京：科学出版社.

丁晓涛，何秀琼，曹玉琼，等，1999.高原鼠兔寄生虫感染调查报告.四川动物，18（1）：34.

范滋德，1992.中国常见蝇类检索表.北京：科学出版社.

符敖齐，林孟初，施新泉，等，1987.上海动物园野生动物寄生虫名录（II报）.江苏农学院学报，8（1）：42.

高志华，刘敬泽，2003.蜱类防治研究进展.寄生虫与医学昆虫学报，10（4）：251-256.

古小彬，余增莹，杨光友，等，2010.嗜群血蜱和长角血蜱 ITS-2、COI 和 COII 基因序列变异与亲缘关系分析.畜牧兽医学报，41（6）：746-754.

胡洪光，黄华，赵观禄，等，1993.重庆动物园野生动物寄生虫名录及新种新记录记述.四川师范学院学报（自然科学版），14（4）：315-325.

姜在阶，白春玲，1989.硬蜱产卵特性的研究.北京师范大学学报（自然科学版），（3）：80-85.

姜在阶，白春玲，1991.硬蜱些生物学特性的研究.昆虫学报，34（1）：43-49.

解宝琦，何晋候，赵钟杰，1993.云南西部鬃蚤属一新种记述（蚤目：蠕形蚤科）.动物分类学报，18（1）：105-107.

李贵真，金大雄，1992.贵州吸虱类、蚤类志，贵阳：贵州科技出版社.

李贵真，1980.蚤类学研究进展——分类区系、形态学和寄生物研究.贵阳医学院学报，（1）：128-129.

李贵真，1982.角叶蚤科概述——分属、地理分布、宿主关系和疾病关系等问题的探讨.贵阳医学院学报，7（1）：1-6.

李隆术，李云瑞，1998. 蜱螨学. 重庆：重庆出版社.

李云章，古革军，王志，等，2005. 驯鹿狂蝇幼虫病的流行病学调查. 中国兽医学报，35（8）：630-633.

李云章，杨晓野，韩敏，等，2004. 驯鹿狂蝇幼虫感染情况调查. 中国兽医科技，34（10）：34-35.

李云章，杨晓野，韩敏，等，2005. 狂蝇蛆病对驯鹿体内抗氧化系统的影响. 中国兽医科技，35（9）：723-726.

李云章，赵洪喜，余兴邦，等，2006a. 伊维菌素和阿维菌素对驯鹿狂蝇蛆Ⅱ期和Ⅲ期幼虫的驱杀试验. 中国兽医科学，36（5）：386-388.

李云章，岳峰，杨晓野，等，2006b. 驯鹿狂蝇生活习性的观察. 中国兽医科学，36（7）：552-555.

李知新，刘光远，田占成，等，2007. 实验室条件下长角血蜱甘肃株孤雌生殖种群的生物学特性. 中国兽医科学，37（4）：277-281.

梁铬球，薛万琦，张春田，等，2009. 两种入侵广州的丽蝇——宽额丽蝇与红头丽蝇. 环境昆虫学报，31（4）：392-394.

刘百里，1988. 中国三种羽管螨记述. 动物分类学报，13（3）：274-277.

刘国平，任清明，贺顺喜，等，2008. 我国东北三省蜱类的分布及医学重要性. 中华卫生杀虫药械，14（1）39-42.

刘井元，余品红，吴厚永，2007. 湖北大巴山东部蚤类区系组成及垂直分布. 昆虫学报，50（8）：813-825.

刘井元，1997. 中国鬃蚤属一新种记述（蚤目：蠕形蚤科）. 昆虫学报，40（1）：82-85.

刘敬泽，姜在阶，1998. 实验室条件下长角血蜱的生物学特性研究. 昆虫学报，41（3）：280-283.

刘敬泽，2000. 中国西部蜱类的分布与防治对策. 医学动物防制，16（8）：443-445.

柳支英，吴厚永，刘泉，等，1986. 中国动物志（昆虫纲：蚤目）. 北京：科学出版社.

马国瑶，1987. 甘肃文县大熊猫蛔虫和蜱采集记录. 四川动物，6（3）：34.

马米玲，关贵全，鲁炳义，等，2004. 不同剂量的伊维菌素注射剂和浇泼剂对牦牛牛皮蝇的防治效果观察. 中国兽医寄生虫病，12（增刊）：135-137.

MAES S，BOULARD C，2004. 法国的鹿蝇蛆病（Deer myiasis in France）. 中国兽医寄生虫病，12（增刊）：210-213.

OTRANTO D，GIANGASPERO A，TRAVERSA D，2004. 山羊隧皮蝇（*Przhevalskiana silenns*）的生活周期、免疫学及分子诊断的研究进展. 中国兽医寄生虫病，12（增刊）：

155-161.

庞程, 蔡进忠, 高兴春, 等, 2008. 在藏羚羊上发现的中国第四种皮蝇. 昆虫学报, 51（10）: 1099-1102.

裴明华, 王敦清, 李贵真, 1991. 大熊猫的一种新鬃蚤（蚤目：蠕形蚤科）. 四川动物, 10（1）: 7-9.

裴明华, 朱朝军, 1987. 大熊猫的寄生虫及其防治. 中国野生动物保护协会. 大熊猫疾病治疗学术论文选集, 北京: 中国林业出版社: 1-9.

施新泉, 谢禾秀, 徐业华, 1985. 蠕形螨属新种. 动物分类学报, 10（4）: 385-387.

施新泉, 周忠勇, 符敖齐, 等, 1990. 上海动物园野生动物寄生虫名录（III 报）. 江苏农学院学报, 11（1）: 71-75.

施新泉, 周忠勇, 谢禾秀, 等, 1992. 动物蠕形螨活动情况初步观察. 动物学杂志, 27（2）: 52-53.

施新泉, 1985. 大熊猫螨病的研究. 动物分类学报, 10（5）: 385-387.

陶宁, 柴强, 李朝品, 2017. 安徽淮南发现卵形硬蜱. 中国血吸虫病防治杂志, 29（5）: 647-647.

王敦清, 孙玉梅, 王灵岚, 1985. 熊猫痒螨各虫期形态的研究. 武夷科学, 5: 99-104.

王敦清, 1976. 中国的潜蚤. 昆虫学报, 7（1）: 497-500.

王善志, 徐显曾, 1991. 新疆马胃蝇种类观察及地理发布. 中国兽医科技, 21（11）: 14-16.

王心娥, 刘泉, 吴厚永, 1979. 我国甘肃省鬃蚤属（蚤目：蠕形蚤科）新种记述. 昆虫学报, 22（4）: 473-476.

王秀美, 宋秀平, 2004. 蚤类的生物学及防治. 中华卫生杀虫药械, 10（2）: 76-78.

王志耀, 雷刚, 叶瑞玉, 等, 2000. 赤狐体上的蚤类种间交换. 地方病通报, 15（2）: 55.

王自存, 白学礼, 陈白芳, 1990. 宁夏鬃蚤属一新种记述（蚤目：蠕形蚤科）. 动物分类学报, 15（1）: 107-110.

邬捷, 吴国群, 钟顺龙, 等, 1989. 黑熊 - 熊猫皮螨的新宿主, 中国兽医杂志, 15（6）: 11-12.

邬捷, 赵观禄, 黄华, 1989. 伊维菌素治疗熊猫蠕形螨病的研究. 中国兽医杂志, 15（12）: 14-15.

邬捷, 钟顺龙, 1989. 黑熊——熊猫皮螨的新宿主. 中国兽医杂志, 15: 11-12.

吴厚永, 吴文贞, 蔡理芸, 1979. 鬃蚤属一新种记述及其生态、系统发育和形态变异的探讨（蚤目：蠕形蚤科）. 动物分类学报, 4（1）: 51-54.

吴龙华, 顾永熙, 何国声, 等, 2000. 伊维菌素预混剂驱除野生动物体外寄生虫的试验观察. 中国兽医科技, 30（12）：33-34.

徐玉辉, 杨光友, 赖松家, 2004. 动物痒螨病的研究进展. 中国畜牧兽医, 31（10）：42-44.

颜忠诚, 李春林, 2000. 长角血蜱产卵的研究. 首都师范大学学报（自然科学版）, 21（1）：50-54.

杨彩明, 杨光友, 谢幼新, 等, 2007. 孤雌生殖长角血蜱各虫期形态的扫描电镜观察. 寄生虫与医学昆虫学报, 14（2）：104-109.

杨彩明, 杨光友, 张晓谦, 等, 2008. 长角血蜱保护性抗原基因P27/30的克隆和原核表达. 畜牧兽医学报, 39（10）：1406-1410.

杨光友, 张志和, 2013. 野生动物寄生虫病学. 北京：科学出版社：415.

杨晓军, 陈泽, 刘敬泽, 2007a. 蜱类系统分类学研究技术与进展. 河北师范大学学报（自然科学版）, 31（2）：244-251.

杨晓军, 陈泽, 刘敬泽, 2007b. 蜱类系统学研究进展. 昆虫学报, 50（9）：941-949.

杨晓军, 陈泽, 刘敬泽, 2008a. 蜱类的起源和演化. 昆虫知识, 45（1）：28-33.

杨晓军, 陈泽, 刘敬泽, 2008b. 中国蜱类的有效属和有效种. 河北师范大学学报（自然科学版）, 32（4）：529-53.

杨晓野, 李云章, 包巴音仓, 等, 2006. 驯鹿狂蝇（*Cephenemyia trompe*）线粒体COI基因序列研究. 中国预防兽医学报, 28（5）：514-517.

杨晓野, 李云章, 包巴音仓, 等, 2007. 驯鹿狂蝇蛆（*Cephenemyia trompe*）超微形态结构. 中国兽医学报, 27（6）：938-941.

杨银书, 曹健, 赵红斌, 等, 2008. 陕西省蜱的种类与自然地理分布. 中华卫生杀虫药械, 14（2）：97-99.

杨银书, 张继军, 曹健, 2008. 甘肃崆峒山蜱类群落结构研究. 中华卫生杀虫药械, 14（1）：43-44.

姚永政, 1982. 实用医学昆虫学. 北京：人民卫生出版社.

于心, 叶瑞玉, 龚正达, 1997. 新疆蜱类志. 乌鲁木齐：新疆科技卫生出版社.

于心, 叶瑞玉, 1992. 蚤类的宿主转移及其流行病学意义. 国外畜学：草食家畜, （增刊）：33-35.

张菊仙, 陈泽, 刘敬泽, 等, 2006. 室内饲养条件下三种硬蜱产卵和孵化特性的比较研究. 医学动物防制, 22（12）：864-867.

张守发, 许应天, 金河樊, 等, 1998. 图们江下游部分牧场硬蜱区系及生态特点调查.

中国兽医科技，28（11）：18-19.

周金林，周勇志，龚海燕，等，2004. 我国长角血蜱孤雄生殖种群的发现和生物学特性的研究. 中国媒介生物学及控制杂志，15（3）：173-174.

朱朝君，周永华，1991. 大熊猫蠕形螨病组织病变的初步观察. 四川动物，10（3）39.

朱朝君. 1998. 蜱分类学研究进展. 中国媒介生物学及控制杂志，9（5）：385-388.

BALASHOV Y S, 1989. Coevolution of Ixodid ticks and terrestrial vertebrates. Parazitologiya, 23: 457-468.

BALASHOV Y S, 2001. Coevolution of parasitic insects and acaxines with their terrestrial vertebrates hosts. Entomol Rev of Entomol Obozrenie, 81（6）: 687-700.

BALASHOV Y S, 2004. The main trends in the evolution of Ticks（Ixodida）. Entomol Rev, 83: 909-923.

BEALE K M, FUJIOKA C, 2001. Effectiveness of selamectin in the treatment of *Notoedres cati* infestation in cats. Veterinary Dermatology, 12: 237.

BOYCE W, BROWN R, 1991. Antigenic characterization of *Psoroptes* spp.（Acari: Psoroptidae）mites from different hosts. The Journal of Parasitology, 77（5）: 675-679.

BOYCE W, ELLIOTT L, CLARK R, et al., 1990. Morphometric analysis of *Psoroptes* spp. mites from bighorn sheep, mule deer, cattle, and rabbits. The Journal of parasitology, 76（6）: 823-828.

CAMICAS J L, HERVY J P, ADAM F, et al., 1998. The Ticks of the World. Paris: Orstom Editions.

CHAO L L, SHIH C M, 2012. First report of human biting activity of *Ixodes acutitarsus*（Acari: Ixodidae）collected in Taiwan. Experimental and Applied Acarology, 56（2）: 159-164.

CHAO L L, WU W J, SHIH C M, 2009. Molecular analysis of *Ixodes granulatus*, a possible vector tick for *Borrelia burgdorferi* sensu lato in Taiwan. Experimental and Applied Acarology, 48（4）: 329-344.

CHILTON N B, 1982. An index to assess the reproductive fitness of female ticks. Parasitol, 22（1）: 109-111.

GARRIS G, PRULLAGE J, PRULLAGE J, et al., 1991. Control of *Psoroptes cuniculi* in captive white-tailed deer with ivermectin-treated corn. Journal of Wildlife Diseases, 27（2）: 254-257

HOOGSTRAAL H, MITCHELL R M, 1971. *Haemaphysalis*（*Alloceraea*）*aponommoides* Warburton（Ixodoidea: Ixodidae）, description of immature stages, hosts, distribution, and ecology in India, Nepal, Sikkim, and China. J Parasitol, 57（3）: 635-45.

HOOGSTRAAL H, 1969. *Haemaphysalis（Alloceraea）kitaokai* sp. n. of Japan, and keys to species in the structurally primitive subgenus Alloceraea Schulze of Eurasia（Ixodoidea, Ixodidae）. The Journal of Parasitology, 55（1）: 211-221.

ISHIGAKI Y, NAKAMURA Y, OIKAWA Y, et al., 2012. Observation of live ticks （*Haemaphysalis flava*）by scanning electron microscopy under high vacuum pressure. PLoS One, 7（3）: e32676.

JIA N, WANG J, SHI W, et al., 2021. Haemaphysalis longicornis. Trends Genet, 37（3）: 292-293.

KEIRANS J E, ROBBINS R G, 1999. A world checklist of genera, subgenera, and species of ticks（Acari: Ixodida）published rom 1973-1997. J Vector Ecology, 24: 115-129.

KETHLEY J B, 1970. A revision of the family Syringophilidae（Prostigmata: Acarina）. Contributions of the American Entomological Institute, 5（6）: 1-76.

KITAOKA S, 1981. Dermacentor taiwanensis Sugimoto, 1935（Acarina: Ixodidae）: The immature stages and notes on hosts and distribution in Japan. Trop. Med., 23: 205-211.

KLOMPEN J S H, BLACK I V, KEIRANS J E, et al., 1996. Evlution of ticks. Annual Review of Entomology, 41（1）: 141-161.

NITTA M, 2017. A new record of *Chaetopsylla* mikado from Higashi-Hiroshima city, Hiroshima Prefecture. 生物圈科学, 56: 23-26.

OLIVER J H J, 1989. Biology and systematics of ticks（Acari: Ixodida）. Annual Review of Ecology and Systematics, 20: 397-430.

ROBBINS R G. 2005. The ticks（Acari: Ixodida: Argaside, Ixodidae）of Taiwan: a synonymic checklist. Proceedings of the Entomol Soc of Washington, 107: 245-253.

WALL R, SHEARER D P, 2001. Psoroptidae. In: Wall R, Shearer D. Veterinary Ectoparasites: Biology, Pathology and Control. Oxford: Blackwell Science.

第二部分　内寄生虫病

第一章　大熊猫西氏贝蛔虫病

大熊猫西氏贝蛔虫病是由蛔科（Ascaridae）贝蛔属（*Baylisascaris*）的西氏贝蛔虫（*Baylisascaris schroederi*）寄生于大熊猫肠道内所引起的一种线虫病。本病是危害野生和人工圈养大熊猫的主要寄生虫病。

（一）病原

西氏贝蛔虫为粗大线虫，白色或灰褐色。头端有3片唇，1个背唇和2个亚腹唇。唇内缘有细小的唇齿。头乳突和头感器与猪蛔虫相同。

雄虫体长76~100mm，体宽1.4~1.9mm；尾部向腹面弯曲，有肛前乳突67~84对，肛侧乳突1对，肛后乳突5对，其中，有2对为双乳突；泄殖孔上方有新月状突起，其上有小棘8~10列；泄殖孔下方有半圆形突起，上有小棘11~14列；交合刺1对，等长，长0.471~0.636mm，末端钝圆不分支。

雌虫体长139~189mm，体宽2.5~4.0mm。阴门位于虫体的前部，距头端40~53mm，尾长0.729~1.260mm。

西氏贝蛔虫卵呈黄色至黄褐色，椭圆形或长椭圆形，基本对称，两端钝圆，虫卵大小为（67.50~83.70）μm×（54.00~70.70）μm。卵壳有3层膜，最外层为蛋白质外壳，布满长5.67~10.80μm的棘状突起；虫卵的第二层外膜为较厚而透明的几丁质外壳；第三层为薄而透明的内膜。

2期幼虫：西氏贝蛔虫卵在体外培养9~10d后，卵内可形成2期幼虫。2期幼虫相对细长，头端突起，3片唇明显，1个背唇，2个侧腹唇。口腔狭窄，食道为柱状，中部相对较细，在食道两端可见粒状的排泄细胞；从鼠体内回收到的2期幼虫，其形态与体外培养的2期幼虫相似，但各部位量度数值比体外培养的2期幼虫均大，在虫体食道中可见神经环，其后方腹侧是排泄管口，食道腺细胞易见。肠道可见线样肠腔，肠细胞内折光颗粒变得稀疏细小。尾部侧面观可见直肠及肛孔。

3期幼虫：西氏贝蛔虫含2期幼虫的感染性虫卵感染小鼠后第18天在小鼠的肝内蜕皮形成3期幼虫。幼虫蜕皮后，生长较快，各部位量度数值明显大于2期幼虫。3期幼虫主要在小鼠肝内寄生，肾、脑内偶尔见到。该期幼虫的唇较大，但没有2期幼虫突出。食道靠近背侧，其前端略呈漏斗状，神经环和排泄孔等明显可见。虫体横截面上可见食道肌束呈放射状分布。在食道与肠交界部略后方，肠的直径最大。肠腔为圆形，腔内有黏液状物依附于肠壁上。此期幼虫假体腔已形成，在假体腔两侧可见椭圆形的排泄细胞柱，分布于食道后部及肠的前中部，在排泄细胞柱的中央，可见排泄管。生殖原基的形态与2期幼虫相似，其细胞尚未进一步分化。3期幼虫的侧翼膜比2期幼虫的宽，而且边缘锐薄。虫体表皮横纹清晰可见，纹距为（3.86±0.21）μm。

（二）生活史

西氏贝蛔虫卵发育很快，在整个发育过程中经过如下几个发育期：①原胚期，在虫卵内只有1个原生质团；②二球期；③四球期；④八球期；⑤16~64球期及桑葚期；⑥囊胚期；⑦蝌蚪期；⑧幼虫期，形成包括1期幼虫期和具感染性的2期幼虫期。

在28℃条件下，西氏贝蛔虫的虫卵经4~5d形成1期幼虫，9d形成2期幼虫；22℃的条件下，5d发育为1期幼虫，11d发育为2期幼虫；虫卵在9℃以下不发育。含2期幼虫的虫卵感染大熊猫后，经77~93d（2.5~3个月以上）蛔虫发育成熟并开始排卵。

（三）流行病学

西氏贝蛔虫分布广泛，在四川的青川、平武、北川、南坪、汶川、宝兴、天全等地及陕西佛平、太白、洋县、宁陕和甘肃文县等地自然保护区内都有发现。西氏贝蛔虫在大熊猫体内很常见，野生大熊猫的感染率多在50%以上，甚至可达100%，是引起野生大熊猫死亡的主要原发性及继发性病因之一，圈养大熊猫也常有发生。

1977年，四川省珍贵动物资源调查队在山区随机检查大熊猫粪便，发现蛔虫卵阳性率为69.23%，在死亡大熊猫体内发现感染蛔虫数最高达2236条；胡锦矗（1981）报告大熊猫感染蛔虫数最高达3204条；冯文和等（1985）报告13只死亡大熊猫蛔虫感染率达100%，感染强度为37~1605条；薛克明（1987）报告秦岭大熊猫12只感染蛔虫11只，蛔虫感染率为91.67%，感染强度为1~619条；叶志勇（1989）报告四川50只大熊猫全部感染蛔虫，感染率为100%。

邬捷等（1985）根据不同温度对虫卵发育影响的研究结果认为，高山区内的温度低，虫卵的发育慢或因长期低温而死亡，而低山区内的温度相对较高，更适合虫卵的发育，因而生活在该区域的大熊猫易患此病。赖从龙（1993）对四川、甘肃两省的28个县（市）和9个自然保护区域内的野生大熊猫粪便做了调查，发现粪便蛔虫卵阳性率为57.71%（1505/2608），且不同海拔、不同山系和不同年龄组的大熊猫蛔虫感染情况无明显差别。

杨旭煜（1993）报道四川省野生大熊猫蛔虫的平均感染率为74.3%，岷山、邛崃山、凉山、大相岭与小相岭4个山系之间经X^2检验表明，各山系之间的大熊猫的蛔虫感染率有显著性差异。地理位置较南的大相岭、小相岭、凉山山系大熊猫的蛔虫感染率远低于较北的岷山山系、邛崃山山系，尤以邛崃山山系最高，大相岭与小相岭最低。这种在不同地区大熊猫感染率上的差异可能与采取的研究方法、采样时间、采样地点、不同地区大熊猫自身感染程度、统计分析方法、地理环境及气候等多种因素的影响有关。但杨旭煜（1993）同样发现，各山系野生大熊猫蛔虫感染率除同其栖息地的海拔无显著关系外，与植被类型、森林的采伐程度、人为影响程度、竹子覆盖率和开花枯死率也无显著关系，各类栖息地内野生大熊猫蛔虫感染率无明显差别；各山系不同年龄组野生大熊猫蛔虫感染率也无显著性差异，这表明野生大熊猫感染蛔虫的最关键时期是从出生到离开母体这段时间，大多数大熊猫个体在离开母体前就已感染了蛔虫。

Mainka（1994）等对四川卧龙国家级自然保护区境内"五一"棚大熊猫生态观察站周围野生大熊猫蛔虫感染的季节动态进行了观察，在这一地区，3月、5月、7月、9月、11月大熊猫感染率分别为20%、42%、47%、78%、67%，以9~11月大熊猫蛔虫感染率为最高，达67%以上。

西氏贝蛔虫卵具有一定的抗寒能力。在4℃条件下，经60d仍有96.74%的虫卵可发育为感染期幼虫；新排出的虫卵，在-10℃条件下经30d仍有42.85%的虫卵可以发育为2期幼虫；含2期幼虫的虫卵在-12℃条件下，经30d死亡率仅为17%。由于西氏贝蛔虫卵在冬季寒冷气候下多不发育，而处于休眠状态，故外界环境中的虫卵密度会随大熊猫继续排卵而不断增加，待来年气候转暖时，发育为感染期虫卵，侵袭其他大熊猫。在高温条件下，70℃热水1min可杀死大熊猫蛔虫卵。大熊猫主要是通过食入被蛔虫卵污染的食物或接触被污染的场所而感染。

（四）临床症状

西氏贝蛔虫是大熊猫体内最常见而且危害最为严重的寄生虫。西氏贝蛔虫可在大熊猫体内存在1~2年，受精卵随粪便排出体外，如温度和湿度适合，经2~3周可发育成感染性虫卵。感染性虫卵可在水、土壤和粪便等处存活数月，甚至常年存在。感染性虫卵被吞食后进入小肠，孵出幼虫，幼虫进入肠系膜经淋巴管、微血管入门静脉，再经肝、下腔静脉、右心室达到肺，在肺内蜕皮后穿过肺部微血管经肺泡、支气管、气管至喉部，然后再次被吞食，经食道、胃到达小肠，在小肠内发育为成虫，周而复始，反复感染。幼虫在体内移动，经过肝脏时可引起轻度炎症，大量蛔虫幼虫到达肺部微血管及肺泡，可以引起肺泡出血、水肿及炎性细胞的浸润，若感染很重，可以出现肺实变。成虫通常多在大熊猫小肠内寄生，以小肠乳糜液为食，可引起大熊猫消化功能的紊乱，致使机体营养不良（图2-1-1和图2-1-2）。蛔虫有钻孔的特性，虫体多时常扭结成团，通常情况下蛔虫处于安静状态，但在食物缺乏、宿主发烧的情况下会处于活跃状态，从而进入胆管、胆囊、肝管、胰管及胃等器官，引起阻塞及炎症，甚至导致死亡。

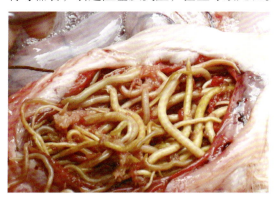

图 2-1-1　大熊猫胃部的西氏贝蛔虫

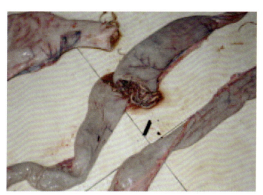

图 2-1-2　大熊猫肠道的西氏贝蛔虫

蛔虫病症状表现不一。轻度感染时，成年动物往往症状不明显，幼年动物表现为停食、消瘦、被毛蓬乱无光泽、呕吐（图2-1-3）、腹痛、呼吸加快，有时咳呛，烦躁不安，行走时作排粪姿势，粪稀，黏液增多，并有少量蛔虫排出；重度感染者，身体极度消瘦、头似犬头、体呈皮包骨头状、贫血、口腔黏膜苍白、被毛干燥脱落，稀疏似生癞。若幼虫移行至患兽脑部，则患兽可出现精神痴呆，反应迟钝，有时甚至可出现癫痫症状。王承东等（2007）报道野生大熊猫因严重蛔虫感染引起直肠脱出并发直肠套叠而导致死亡1例。

在圈养条件下熊猫因蛔虫病致死的病例虽较少见，但野生大熊猫因蛔虫感染致死的病例已有不少报道。典型的病理变化包括胆管、肝管、胰管蛔虫，胃肠道蛔虫，多发性浆膜腔积液，蛔虫阻塞性、急性、出血性胰腺炎，肺充血水肿，心、肝、脾、肺、肾、胃、肠等器官变性。Zhenyang Qin 等（2021）首次报道了野生大熊猫因西氏贝蛔虫感染引起的急性胰腺炎病例（图2-1-4）。

对非正常宿主的危害：西氏贝蛔虫不需要中间宿主，感染期虫卵被大熊猫食入后，直接在其体内发育为成虫。该蛔虫在非适宜宿主体内主要经体循环移行，不能经胎盘进行垂直传播；与蛔科的大多数蛔虫幼虫一样，在小鼠体内，肝脏是西氏贝蛔虫生存相对适宜的环境，它在肝脏内可部分发育并长期存活。因此，推测在自然界中，如果其他啮齿动物感

图 2-1-3　大熊猫呕吐物中的西氏贝蛔虫　　　图 2-1-4　大熊猫胰腺的西氏贝蛔虫

染了西氏贝蛔虫，则捕食这些啮齿动物的食肉动物可能会发生内脏幼虫移行症（visceral larva migrans，VLM）。

西氏贝蛔虫卵感染小白鼠后，在感染早期，小白鼠血液中的嗜酸性粒细胞和嗜中性粒细胞均有轻度增加。感染后第2周，嗜酸性粒细胞比例明显增高，至第3周血液中嗜酸性粒细胞升至最高水平（25%），该高峰期持续3~4周。至7~8周，血液中嗜酸性粒细胞稍降低，维持在10%~15%。至感染后的180d，血液中嗜酸性粒细胞水平仍在10%以上。

（五）诊断

发生此病的野生大熊猫，早期发现较困难。诊断主要采用循序沉淀法和漂浮法进行粪样中虫卵的检查，后者以含有等量甘油的饱和硫酸镁溶液作漂浮液，甘油对虫卵有透明作用，便于观察。也可根据粪便中排出的虫体或服用药物驱虫后排出的虫体进行诊断。

（六）治疗

大熊猫西氏贝蛔虫的控制，目前仍主要是以药物防治为主。对早期发现、体质较好、未患并发症的个体可直接施以驱虫药物进行驱虫治疗。对发现晚、体质差、有并发症的个体应当首先考虑补充营养，增强体质及对症治疗。一方面应加强饲养管理，另一方面可立即通过静脉直接补充体液和营养物质，扩充血容量，加速有毒物质的排除，增强体质；对于伴有感染的病例需同时施以抗感染治疗（如抗生素及维生素C等），对有肺部感染的动物，应注意一次输液量不应太多；在动物的体质有所恢复后再施驱虫治疗。应当注意的是，对于蛔虫病的治疗应及早发现、及早治疗。个别由野外抢救回的严重病例，在采取上述常规治疗措施无效的情况下，应当考虑蛔虫引起器官质性病变或异位寄生引起并发症的可能，做出明确诊断后，可考虑手术治疗器质性病变或去除蛔虫堵塞的可能性。手术前应注意恢复有效血容量，以防休克，补充Ca^{2+}、Mg^{2+}，同时使用血管扩张剂，解除血管痉挛，改善局部和全身血循环状态。同时，注意早期使用胰酶抑制剂，采取有力的抗感染措施、静脉输入高营养物质及控制术后感染。驱虫治疗时可选用下列药物。

丙硫苯咪唑（又称阿苯达唑）：按每千克体重 10mg 的剂量，直接喂服，连续服用 2d。妊娠期大熊猫禁用。

灵特：按每千克体重 20mg 的剂量，混在饲料中 1 次喂服，效果良好。

左旋咪唑：按每千克体重 7~8mg 的剂量，混于饲料中 1 次喂服，或于第 2 天再服 1 次。泌乳期大熊猫禁用。

氯氰碘柳胺钠：按每千克体重 8~10mg 的剂量，混于饲料中 1 次喂服。

伊维菌素：同时患有螨病的大熊猫，可使用伊维菌素按每千克体重 0.2~0.3mg 的剂量皮下注射或喂服。

噻嘧啶：按每千克体重 10mg 的剂量，混于饲料中 1 次喂服。

甲苯咪唑：按每千克体重 10mg 的剂量，连续服用 2~3d。哺乳期大熊猫减量使用。

双羟萘酸噻嘧啶：按每千克体重 10mg 的剂量，每日 1 次，连服 2d。

非班太尔：按每千克体重 20mg 的剂量，混在饲料中 1 次喂服。

（七）预防

定期检查粪便，定期预防驱虫，定期消毒笼舍和用具。采用 70℃以上的热水消毒笼舍和用具可以彻底控制熊猫蛔虫的传播和再感染，每年进行 2~4 次，能达到良好的预防效果。及时清理粪便，保持笼舍、用具和食物的清洁卫生。饲养人员和工作人员进出应注意消毒，防止虫卵的散播。新引进的大熊猫，必须隔离消毒并进行预防性驱虫。

第二章 钩口线虫病

一、钩口线虫病

钩口线虫病由钩口科（Ancylostomatidae）钩口属（*Ancylostoma*）的大熊猫钩口线虫（*Ancylostoma ailuropodae* n. sp.）所引起，主要寄生在大熊猫体内，成虫寄生部位为小肠，且以十二指肠为主。

（一）病原

钩口线虫为虫体细长，体形相对较小的白色线虫。身体呈圆柱形，从头至尾逐渐变细，具细横纹角质层的头端和尾端；雄性和雌性的头部朝向背侧。颊囊后向突出的口腔孔增宽，有2对背外侧齿和2对三角形腹齿（图2-2-1和2-2-2）。腹外侧齿的大小和形状不同，内齿小，近附位，外齿大，呈三角形，向背侧延伸。背侧腺体发育良好，与杆状食道相关，稍向后肿胀，终止在与肠交界处的裂片阀内。食道中层有神经环。宫颈乳头状突起发达，圆锥形，神经环位于水平面的后部。排泄孔在宫颈之间的水平处打开乳头和神经环。

雄性体长 8.6~12.0mm，中部最大宽度 500~520μm（图2-2-3）。口囊大小为（180~220）μm×（120~160）μm；食管长 960~1500μm，宽 150~190μm；食道长度为体长的12%。宫颈乳头距头顶端 600~750μm，排泄孔距头顶端 500~580μm，神经环距头顶端 390~520μm。交配囊发育良好，宽大于长；背叶小，侧叶向两侧方向延伸。背肋较厚，长度为 280~390μm，最大宽度为 40~60μm；在距前端 270~295μm 处分叉为2支；每支进一步分为2个小支；外背肋呈弓形。侧肋纤细，呈锥形。前侧肋向前弯曲，中侧肋和后侧肋平行延伸至交合伞边缘。前腹肋和后腹肋在底部汇合，然后分开，平行深入裂缝处。交合刺呈黄褐色，丝状，成对，等长，长度为 2000~2900μm。引带呈纺锤状，长度为 80~120μm，宽度为 12~20μm。泄殖腔具7个乳头，1对位于背侧，1对位于外侧，3个位于腹侧。

雌性体长 9.8~16.0mm，中部最大宽度 560~740μm；肛门宽度 270~340μm（图2-2-4）。颊囊大小为（170~250）μm×（130~190）μm；食管长 1280~1320μm。宫颈乳头距头顶端 800~1230μm，排泄孔距头顶端 760~950μm，神经环距头顶端 600~650μm。外阴在虫体后1/3处开口于腹侧，阴道较短。生殖系统为双管型，双括约肌和漏斗与子宫和卵巢汇合。

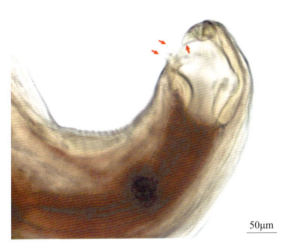

图 2-2-1　熊猫钩口线虫口囊内 2 对背外侧齿
（Xie et al., 2017）

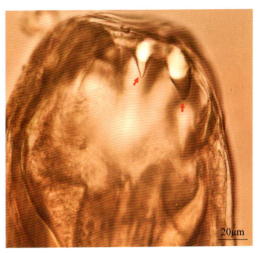

图 2-2-2　熊猫钩口线虫口囊内 2 对腹齿
（Xie et al., 2017）

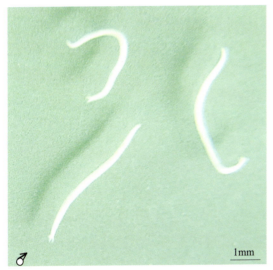

图 2-2-3　熊猫钩口线虫，雄虫
（Xie et al., 2017）

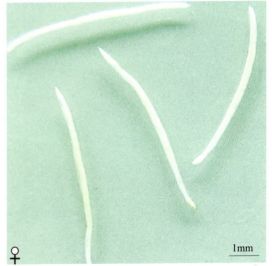

图 2-2-4　熊猫钩口线虫，雌虫
（Xie et al., 2017）

尾翼长 90~370μm。虫卵呈椭圆形，大小为（54~71）μm×（28~38）μm。

（二）生活史

目前对该物种生活史无相关文献记载。

（三）流行病学

杨光友等（1998）在 1995 年、1996 年和 2003 年解剖来自宝兴蜂桶寨自然保护区 3

只野生大熊猫尸体，在它们体内采到一种新的线虫，根据形态学初步研究可能为一新种（暂定名为：熊猫钩口线虫 Ancylostoma ailuropodae n. sp.）。在2000年，杨光友等又曾检查宝兴野生大熊猫样本15份，此钩虫卵阳性率达93.33%（14/15），初步调查表明，这种线虫在某些地区野生大熊猫体内很普遍。谢跃等（2017）采集2013年11月在四川省蜂桶寨自然保护区死亡的野生大熊猫钩虫标本，通过对两个代表性标本进行显微镜观察及基因分析，拟定了大熊猫钩虫属新物种熊猫钩口线虫（Ancylostoma ailuropodae n. sp.）。

（四）临床症状

患病大熊猫临床表现为贫血、营养不良、胃肠功能失调，重度感染者可致发育障碍及心脏功能不全。

（五）诊断

根据流行病学资料、临床症状和病原学检查进行综合诊断。病原检查方法主要是用粪便漂浮法检查虫卵和用贝尔曼法分离动物栖息地土壤或垫草内的幼虫；剖检时发现虫体即可确诊。

（六）治疗

（1）阿苯达唑：按每千克体重10mg的剂量，每日1次，连续服用2d。
（2）左旋咪唑：按每千克体重10mg的剂量，连用7d。
（3）芬苯达唑：按每千克体重10mg的剂量，喂服，1次/d，连喂3d。少数病例在用药后出现呕吐。
（4）双羟萘酸噻嘧啶：按每千克体重5mg的剂量，1次喂服。
（5）伊维菌素：按每千克体重0.2~0.3mg的剂量，1次喂服或皮下注射。
（6）多拉菌素：按每千克体重0.3mg的剂量，1次肌内注射。

同时，配合给予含铁制剂或输血等对症治疗。

（七）预防

定期有计划地进行驱虫；注意保持笼舍的干燥和清洁卫生；及时清理粪便，并进行生物热处理；定期用硼酸盐溶液、火焰或蒸气对动物经常活动的地方及用具进行消毒；成年兽与幼兽分开饲养；尽量保护怀孕期和哺乳期的动物，使其不接触幼虫。

二、仰口线虫病

仰口线虫病（也称钩虫病）是由钩口科（Ancylostomatidae）仰口属（Bunostomum）的羊

仰口线虫（*B. trigonocephalum*）和牛仰口线虫（*B. phlebotomum*）寄生于草食动物的小肠内引起以贫血为主要特征的一类线虫病。仰口线虫也可寄生于大熊猫，目前大熊猫感染仰口线虫仅鉴定到属。

（一）病原

仰口属线虫的特点是：头部向背侧弯曲。口囊大，呈漏斗状，口孔腹缘有1对半月形切板，口囊内有背齿1个，亚腹齿若干，随种类不同而异。雄虫交合伞的外背肋不对称。雌虫的阴门在虫体中部之前。虫卵具有一定特征性：色深，卵壳较薄，不很规则的长椭圆形，大小为108μm×52μm，两端钝圆，两侧平直，内有8~16个胚细胞，胚细胞呈暗黑色（图2-2-5）。

图2-2-5　大熊猫仰口线虫虫卵
（Hu et al., 2018）

（二）生活史

虫卵随粪便排出体外。在适宜的温度和湿度条件下，经4~8d形成1期幼虫；幼虫从卵内逸出，经2次蜕皮，变为感染性3期幼虫。感染性幼虫可经两种途径进入动物体内。一种是感染性幼虫随污染的竹子、饮水等经口感染，在小肠内直接发育为成虫，此过程约需25d；另一种是感染性幼虫经皮肤钻入感染，进入血液循环，随血流到达肺部，再由肺毛细血管进入肺泡，在此进行第3次蜕皮发育为4期幼虫，然后幼虫上行到支气管、气管、咽、口腔，再返回小肠，进行第4次蜕皮，发育为5期幼虫，逐渐发育为成虫，此过程需50~60d。经皮肤感染时，有85%的幼虫可以进一步发育为成虫；而经口感染时，只有12%~14%的幼虫可以进一步发育。

（三）流行病学

仰口线虫病分布于世界各地，动物一般是秋季感染，春季发病。仰口线虫的虫卵和幼虫在外界环境中的发育与温度和湿度有密切的关系，最适宜的条件是潮湿的环境和14~31℃的温度。温度低于8℃，幼虫不能发育；温度达到35~38℃时，仅能发育成1期幼虫；感染性幼虫在夏季草地上可以存活2~3个月；在春秋季节存活时间较长，寒冷的冬季气候对幼虫有杀灭作用。胡罕等（2018）采集了44只野外大熊猫粪便样本，进行了肠道寄生虫感染情况、种类及形态学的研究，首次报道了大熊猫感染仰口线虫。

（四）临床症状

虫体不同发育期对宿主的致病作用不同。幼虫侵入皮肤时，引起发痒和皮炎。幼虫移行到肺部时引起肺出血。寄生在小肠的虫体危害最大，成虫以其强大的口囊吸附在小肠壁上，用切板和齿刺破肠黏膜，大量吸血。据统计，每100条虫体每天可吸血8mL。虫体在吸血过程中还频繁移位，同时分泌抗凝血酶，造成肠黏膜多处持续出血。此外，虫体分泌的毒素，可以抑制红细胞的生成。

临床上可见患病动物出现进行性贫血，严重消瘦，下颌水肿，顽固性腹泻，粪便带血。幼龄动物发育受阻，有时出现神经症状，如后躯无力或麻痹，最后陷入恶病质而死亡。

（五）诊断

根据临床症状进行初步诊断，采集新鲜粪样用漂浮法检查，发现虫卵可确诊。或剖检死亡动物在十二指肠和空肠找到虫体和相应的病理变化也可确诊。

（六）治疗

结合对症支持疗法，可以选用左旋咪唑、丙硫苯咪唑、甲苯咪唑、噻苯唑、伊维菌素等药物进行驱虫。

伊维菌素：按每千克体重0.3mg的剂量，喂服每日1次，连续使用2~3d。

多拉菌素：按每千克体重0.3mg的剂量，1次肌肉注射。

丙硫苯咪唑：按每千克体重10mg的剂量，每日1次，连用2d。

左旋咪唑：按每千克体重10mg的剂量，连续使用3~7d。

甲苯咪唑：按每千克体重10mg的剂量，连续使用2~3d。

奥芬达唑：按每千克体重5~10mg的剂量，1次喂服。

氯氰碘柳胺钠：按每千克体重5~10mg的剂量，1次喂服或皮下注射。

噻苯达唑：按每千克体重10mg的剂量，1次喂服。

（七）预防

对圈养动物定期进行预防性驱虫；保持笼舍清洁干燥；严防粪便污染饲料和饮用水。

第三章 类圆科线虫病

类圆线虫病（strongyloidiasis）是由杆形目（Rhabdioida）类圆科（Strongyloididae）类圆属（*Strongyloides*）的线虫寄生于幼龄动物的小肠内所引起的疾病。类圆线虫又称杆虫，其种类很多，分布于世界各地。目前，对于大熊猫感染的类圆线虫仅鉴定到属。

（一）病原

类圆线虫生命周期的寄生阶段和自由生活阶段的形态不同（图2-3-1）。许多种类的寄生雌性体长约2mm（有些种类更大，可达5mm），尾部钝，食道细长、直边（丝状），约占体长的1/3（Speare，1989）。卵巢是双裂的，在外阴处开放，外阴大约位于体长的2/3处。自由生活的成虫约1mm长，雌虫略大于雄虫。两性均有横纹肌状食道；自由生活的雌性有双胎卵巢和位于身体中点的外阴（Speare，1989）。自由生活的雌性圆线虫和雌雄同体

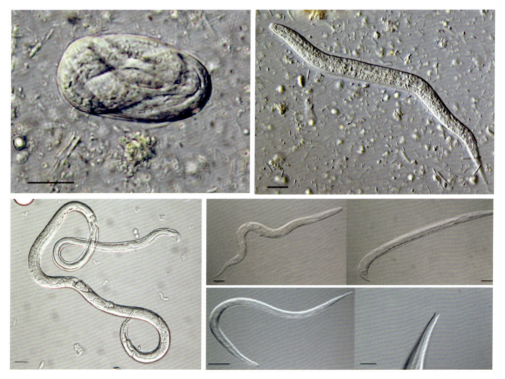

图2-3-1　鼠类圆线虫（Viney and Lok.，2015）

的秀丽隐杆线虫的总体结构、组织和外观相似。被感染的3期幼虫，与自由生活的线虫的幼虫时期相似（Hotez et al.，1993），与秀丽隐杆线虫幼虫一样，呈放射状狭窄，其丝状食管约为幼虫长度的一半。这些幼虫有三部尖尾。

（二）生活史

该虫的生活史为世代交替，寄生于动物小肠内的雌虫营孤雌生殖。

直接发育型：随动物粪便排出。虫卵在外界孵出1期幼虫，称为杆虫型幼虫或杆状蚴。这种幼虫食道短，有2个膨大部，直接发育为具有感染性的3期幼虫，称为丝虫型幼虫或称丝状蚴。3期幼虫的食道长，呈柱状，无膨大部，经皮肤侵入宿主，钻入血管随血流到达肺部，进行第3次蜕皮，并发育生长，然后移行到咽部被咽下，经胃到小肠，发育为成虫。自丝状蚴侵入宿主皮肤到粪便中检出含幼虫虫卵，需10~12d。经口感染宿主时，大部分幼虫从口腔、食道黏膜钻入血管，以后移行途径同前述。

间接发育型：在适宜的外界环境条件下，通常是在温度较高（27~30℃）与食物丰富之时。1期杆虫型幼虫经4次蜕皮，在48h内发育为性成熟的自由生活的具杆虫型食道的雌虫和雄虫，性成熟后交配产卵，卵很快孵出杆状蚴，经蜕皮发育为下一代成虫。环境适宜时，自由世代生活可继续若干代。当环境不适时，杆状蚴经2次蜕皮变为丝状蚴，如有机会即侵入宿主。

（三）流行病学

赖从龙等（1991）对大熊猫粪便进行检查，首次发现大熊猫感染类圆线虫虫卵。

（四）临床症状

大熊猫体内有少量虫体时，临床症状不明显，但影响其生长发育。严重时，受感染大熊猫出现腹泻、消瘦、感染等症状，最后多因极度衰弱而死。

（五）诊断

除结合年龄、卫生情况、流行病学因素和临床症状进行分析外，须检查刚排出的新鲜粪便（夏天6h内，冬天15h内），发现虫卵，方可确诊。类圆线虫的卵比其他圆线虫的卵小得多，内含幼虫。也可用幼虫检查法检查放置了5~15h的粪便，发现幼虫即可确诊。还可以用粪便培养法检查，于玻璃杯内装半杯粪便，注意保持湿度，置温暖室内1~3d后，如属阳性，即可在杯壁上见有浅灰白色、直径为1~2cm成片的、云雾状的幼虫群落，并随幼虫的运动而变化其形状。

剖检死亡动物时，可见小肠，尤其是十二指肠扩张，内含白色液状物；刮取黏膜压片镜检，见有大量雌虫时，即可确诊。

（六）治疗

本病可选用下列药物治疗。

伊维菌素：按每千克体重0.3mg的剂量，1次皮下注射。

多拉菌素：按每千克体重0.3mg的剂量，1次肌肉注射。

左旋咪唑：按每千克体重10mg的剂量，喂服，连用3~7d。

（七）预防

搞好笼舍的清洁卫生，经常用苯酚水、热碱水、沸水或石灰乳消毒地面。经常检查并及时治疗患病动物，患病动物要和健康动物分开饲养。

第四章　结膜吸吮线虫病

结膜吸吮线虫病（Thelaziasis）是由旋尾亚目（Spirurata）吸吮科（Thelaziidae）吸吮属（*Thelazia*）结膜吸吮线虫（*Thelazia callipaeda*）寄生于动物及人的眼部而引起的一种人兽共患寄生虫病，可引起结膜炎、角膜炎，严重者可致角膜糜烂、溃疡，甚至混浊穿孔，以致影响或丧失视力，所以有眼线虫病之称。结膜吸吮线虫主要寄生于狐、貉、大熊猫等野生动物。

（一）病原

结膜吸吮线虫又称丽嫩吸吮线虫。虫体细长、半透明、浅红色，离开宿主后转为乳白色。体表除头尾两端外，均具有横纹。雄虫体长9.9~13.0 mm，左右交合刺不等长。肛前乳突8~12对，肛后乳突2~5对。雌虫体长10.5~15.0 mm。卵壳薄而透明，越近阴门处虫卵越大，卵内含幼虫（图2-4-1，图2-4-2和图2-4-3）。

图2-4-1　结膜吸吮线虫尾部

（Jin et al., 2020）

图2-4-2　结膜吸吮线虫头部（箭头指虫体前部的超囊、咽和食道及其锯齿状的皱褶表面）

（Jin et al., 2020）

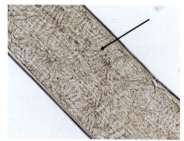

图2-4-3　结膜吸吮线虫幼虫（箭头指雌虫子宫内的幼虫）

（Jin et al., 2020）

（二）生活史

结膜吸吮线虫需要通过中间宿主蝇类来发育和传播。已知变色纵眼果蝇和冈田绕眼果蝇（*Phortica okadai*）为结膜吸吮线虫的中间宿主（图2-4-4）。雌虫在终末宿主的第三眼睑内产出具有鞘膜的幼虫，幼虫被蝇吞食，侵入蝇体内经2次蜕皮发育为感染性的3期幼虫，移行到蝇的口器内。当蝇舔吮终末宿主的眼部时，幼虫便侵入其眼结膜囊内，再经2次蜕皮发育为成虫，成虫在眼内可存活1年（图2-4-5）。

图 2-4-4 冈田绕眼果蝇（箭头分别指：1.复眼周围白色眼圈 2.胸部每个深褐色斑点 3.胫骨上的 3 个黑色条带 4.腹部背侧三叉戟形标记）

（Jin et al., 2020）

（三）流行病学

本病呈世界性分布，在我国黑龙江、吉林、内蒙古、甘肃、山东、陕西、江苏、贵州、湖南、福建、广西、台湾等地均有报道。流行与蝇的活动季节密切相关，而蝇的繁殖速度和生长季节又取决于当地气温和湿度等环境因素，故通常在温暖且湿度较高的季节，常有大批动物发病，干燥而寒冷的冬季则少见。各个年龄段的动物均可受其害。在温暖地区，吸吮线虫可整年流行，在寒冷地区仅流行于夏秋两季。

（四）致病作用和临床症状

结膜吸吮线虫多寄生于动物的结膜囊、第 3 眼睑后间隙和角膜溃疡部的下方、眼窝内的眼腺管及鼻泪管中。

以结膜吸吮线虫为主，该虫的致病作用主要表现为机械性损伤动物的结膜和角膜，引起结膜炎和角膜炎，并刺激泪液的分泌，如继发细菌感染时，则更为严重。临床上可见眼

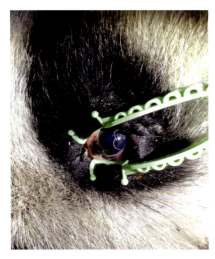

图 2-4-5　大熊猫眼部的结膜吸吮线虫（Jin et al., 2019）

潮红、流泪和角膜混浊等症状。当结膜因发炎而水肿时，可使眼球完全被遮蔽。炎性过程加剧时，眼内有脓性分泌物流出，常将上下眼睑黏合。角膜炎继续发展，可引起糜烂和溃疡，严重时发生角膜穿孔、水晶体损伤及睫状体炎，最后导致失明。混浊的角膜发生崩解和脱落时，一般能缓慢地愈合，但会在该处留下永久性白斑，影响视觉。患病动物表现极度不安，常将眼部在其他物体上摩擦，摇头，食欲降低或不食。

在中国陕西佛坪国家级自然保护区中，Yipeng Jin 等（2021）发现一例大熊猫感染眼线虫病例，将虫体取出经形态学及 PCR 方法鉴定后，确认该虫为结膜吸吮线虫（图 2-4-5）。

（五）诊断

在眼内发现吸吮线虫即能确诊本病。虫体爬至眼球表面时，很容易被发现。或用手轻压眼眦部，然后用镊子把第 3 眼睑提起，查看有无活动虫体。还可用一橡皮球，吸取 3% 硼酸溶液，强力冲洗第 3 眼睑内侧和结膜囊，同时用一肾形盘接取冲洗液，可在盘中观察有无虫体。

（六）治疗

左旋咪唑：按每千克体重 8mg 的剂量，喂服，每天 1 次，连用 2d。

伊维菌素：按每千克体重 0.3mg 的剂量，1 次皮下注射或喂服。

采用 0.5% 利多卡因滴眼作表面麻醉，当虫的蠕动减慢或停止后，用眼科镊子将虫体直接取出，然后滴入氯霉素眼药水或涂抹红霉素眼膏。亦可用 2%~3% 硼酸溶液、1% 左旋咪唑溶液或 0.2% 海群生溶液等冲洗眼结膜可洗出或冲出虫体。

还可用蘸有 0.2% 碘液的棉花棒揩拭动物眼角并轻轻插入眼窝转动，使成虫不断受到刺激而爬到眼球表面，此时迅速将其夹出。待双眼均无肉眼所见的成虫爬出后，滴入氯霉素药水或 2% 硼酸溶液冲洗，再用 1% 左旋咪唑溶液滴眼。

（七）预防

经常注意环境卫生，杀灭蝇及幼虫，消除蝇类的孳生地。

第五章　肺线虫病

肺线虫病主要是由网尾科（Dictyocaulidae）网尾属（*Dictyocaulus*）的大型肺线虫以及原圆科（Protostrongylidae）的小型肺线虫寄生于动物的肺部所引起的动物疾病。目前，在野生大熊猫中发现的肺线虫未明确其种属。

（一）病原

网尾属线虫：虫体呈乳白色，丝状，较长。头端有4片小唇，口囊小。雄虫的交合伞发达，前侧肋独立；中侧肋和后侧肋合二为一，有的仅末端分开；背肋为2个独立的分支，每支末端分为2个或3个指状突起。交合刺2根，等长，呈暗褐色，为多孔性结构。引器色稍淡，也呈泡孔状构造。雌虫阴门位于体中部。虫卵内含幼虫。网尾属线虫各虫种的主要检索特征如下。

网尾属各种的检索表

1.（4）中、后侧肋的基部合并而顶端分开。
2.（3）中、后侧肋在其长度2/3处分离。背肋在末端有分为两支的趋向。交合刺长0.18~0.29mm。单蹄兽动物的肺线虫…………发氏尾线虫 *Dictyocaulus arnfieldi*；
3.（2）中、后侧肋仅在末端稍分离，背肋末端明显分为3支。交合刺长0.30~0.62mm，寄生于家养的及野生的绵羊、山羊和骆驼。……………………丝状网尾线虫 *D. filaria*；
4.（1）中、后侧肋完全合并，末端不分离。
5.（6）前侧肋的末端不膨大。寄生于牛和北美野牛…………胎生网尾线虫 *D. viviparus*；
6.（7）前侧肋的末端稍膨大。寄生于骆驼………………………骆驼网尾线虫 *D. cameli*；
7.（5）前侧肋的末端显著膨大，呈球形。寄生于羚羊、绵羊、山羊、驯鹿、赤鹿、马鹿狍和驼鹿……………………………………………………………鹿网尾线虫 *D. eckerti*。

原圆科线虫：虫体非常纤小。雄虫的交合伞不发达，背肋单个，交合刺具膜质羽状的翼膜，引器由头、体和脚部组成；雌虫的阴门位于近肛门处。1975年，苏联学者波耶夫在《线虫学基础》25卷（原圆肺线虫）一书中记载了原圆科线虫6个亚科，即Protostrongyliae见于家养和野生的绵羊、山羊、斑羚、岩羚羊、鹿和兔等动物；

Muellerinae 见于家养和野生的绵羊、山羊、岩羚羊和鹿等动物；Varestrongylinae 见于绵羊、家养和野生的山羊和羚羊等动物；Neostrongylinae 见于鹿、岩羚羊和叉角羚等动物；Elaphostrongylinae 见于鹿科动物；Skrjabinocaulinae 见于鹿和肉食兽。

赖从龙等（1983）报道了发现于四川地区羚牛（*Budorcas taxicolor*）体内的肺线虫一新亚科新属新种，即三叉圆线虫亚科（Trifurcastrongylinae Lai et al., 1983），其特征如下。

口囊缺乏，有头乳突6个（两侧、亚背和亚腹各2个），食道后部稍膨大。雄虫交合伞发达，背肋粗短并从基部分为3支，似倒"山"形，后侧肋很小，像中侧肋上长出的芽枝。交合刺1对，不等长，纤细、无翼。引器存在，副引器缺乏。雌虫阴门开口于虫体尾端肛门附近。前阴道缺乏。模式属：三叉圆线虫属（*Trifurcastrongylus*）（Lai et al., 1983）。

刘世修和邬捷（1985）又报道寄生于四川和陕西地区羚牛肺支气管的肺线虫又一新亚科，即羚牛原线亚科（Taxicolostrongylinae Liou and Wu, 1985），其特征如下。

虫体中等大小，雄虫交合伞分为3叶，背叶发达。具尾翼膜。交合刺细而不等长，带翼膜，末端不分叉。导刺带结构简单、单一，缺头和脚，体部长，远端1/3处膨大呈匙状。支持器缺乏。后侧肋不发达，呈芽突状。背肋粗大，似"飞鸽"形，两侧支左右平行展开，每个侧支基部有1个无柄乳突；而在背肋顶峰正中有一指状突起。雌虫阴门盖发达。幼虫尾突基部有1根背刺。模式属：羚牛原线属（*Taxicolostrongylus* Liou and Wu, 1985）。

至此，原圆科以下分为8个亚科，各亚科检索表如下。

原圆科各亚科检索特征

1 尾翼，背肋为另外构造 ……………………………………………………………… 2
2 尾翼，背肋粗大，呈"飞鸽"形 …………………………………… Taxicolostrongylinae
3 雌虫尾端呈短钝圆锥形 ……………………………………………………………… 6
4 背肋呈倒"山"形，交合刺不等长，无翼膜 ………………………… Trifurcastrongylinae
5 背肋2个或1个分成2支，交合刺等长，有翼膜 …………………… Elaphostrongylinae
6 雌虫尾端呈长尖圆锥形
    背肋远端分为3支，交合刺在其中部有关节 …………………………… Muellerinae
    背肋远端不分为3支，交合刺在其中部无关节 ………………………………… 7
7 导刺带体部通常为一长而窄的坚实薄板 ………………………………………… 8
    支持器不发达，构造简单或缺如，后侧肋比其他侧肋短，交合刺等长 …… Varestrongylinae
    支持器发达，构造复杂，后侧肋比其他侧肋长，交合刺显然不等长 ……… Neostrongylinae
8 导刺带体部形如两条腱带，腱带有时被不太坚密的组织所连
    背肋结节状，通常很小，支持器发达 ………………………………… Protostrongylinae
    背肋长而宽，支持器缺如 ………………………………………… Skrjabinocaulinae

（二）生活史

网尾线虫的生活史发育过程不需要中间宿主。雌虫产出含幼虫的卵，卵随着咳嗽，经支气管、气管进入口腔，后被咽下，在消化道中孵出 1 期幼虫，幼虫随粪便排出。但安氏网尾线虫的虫卵多是在外界孵化。在外界经过 1 周，1 期幼虫蜕皮 2 次发育为感染性幼虫，经口感染宿主。幼虫钻入肠壁，进入肠系膜淋巴结蜕皮为 4 期幼虫，随淋巴循环进入心脏，再随血流到肺脏，进入支气管、气管，经最后一次蜕皮，逐渐发育为成虫。

原圆科线虫的发育需要多种螺类或蛞蝓作为中间宿主。虫卵产出后，发育孵化为 1 期幼虫（图 2-5-1），后者沿细支气管上行到口腔，再转入肠道，随粪便排到外界，幼虫钻入中间宿主体内经 2 次蜕皮成为感染性幼虫。在中间宿主体内发育到感染期的时间，随温度和螺的种类而异。缪勒属线虫为 8~98d，原圆属线虫一般为 15~49d。感染性幼虫可自行逸出或留在中间宿主体内。草食动物吃草或饮

图 2-5-1　原圆科线虫幼虫 1 期幼虫

水时，摄入感染性幼虫或含有感染性幼虫的中间宿主时遭受感染。幼虫钻入肠壁，到淋巴结进行第 3 次蜕皮；后随血流移行至肺，在肺泡、细支气管或肺实质中完成第 4 次蜕皮，逐渐发育为成虫。从幼虫感染到发育为成虫的时间为 25~38d。

（三）流行病学

网尾线虫呈世界性分布，可危害的动物种类较多，主要以食草动物为主。网尾线虫的幼虫对热和干燥敏感，但可以耐低温。丝状网尾线虫在 4~5℃时，幼虫就可以发育，并且可以保持活力达 100d 之久。被雪覆盖的粪便，虽在 -40~-20℃气温下，其中的感染性幼虫仍不死亡。干粪中幼虫的死亡率比湿粪中的大得多。胎生网尾线虫的幼虫在适宜的外界条件下发育为感染性幼虫的时间比较短，只需 3d 左右。温度低时，可能延迟至 11 d。低于 10℃或高于 30℃不能发育到感染期。从感染宿主开始到雌虫产卵需要 1~4 个月，一般为 21~25d。安氏网尾线虫与胎生网尾线虫很相似，感染性幼虫被宿主吞食后，经 35~40d 发育为成虫。成年动物比幼龄动物的感染率高，但虫体对幼龄动物的危害更严重。

原圆科线虫种类较多，分布广，常混合感染，宿主常见于食草动物。原圆科线虫 1 期

幼虫的生存能力较强。自然条件下，幼虫在粪便和土壤中可生存几个月；对干燥有显著的抵抗力，在干粪中可生存数周；在湿粪中的生存期更长。幼虫耐低温，在3~6℃时，生活得较好；还能抵抗冰冻，冰冻3d后仍有活力，12d后死亡；阳光直射可迅速使幼虫致死。4℃保存近6个月（176d）的粪样，仍能分离出活性很高的小型肺线虫1期幼虫，羚牛小型肺线虫的感染率和感染强度很高，因为自然保护区每年都有3~4个月冰冻期，温度在0℃以下。可推测其1期幼虫具有很强的耐低温性。螺类以食草动物粪便为食，幼虫通常不离开食草动物的粪便，因而幼虫有更多的机会感染中间宿主。在螺类体内的感染性幼虫，其寿命与螺的寿命等长，为12~18个月。除在严冬时期软体动物出现休眠外，几乎全年均可发生感染。

赖从龙等（1991）首次在大熊猫粪便中检查出肺线虫虫卵，但并未鉴定到种属。

（四）诊断

根据流行病学资料、临床症状和病原学检查进行综合诊断（图2-5-2）。病原检查方法主要是用粪便漂浮法检查虫卵和用贝尔曼法分离动物栖息地土壤或垫草内的幼虫；剖检时发现虫体即可确诊。

（五）治疗

对网尾线虫病的治疗，可选用下列药物。

丙硫苯咪唑：按每千克体重10mg的剂量，喂服，每日1次，连用2d。

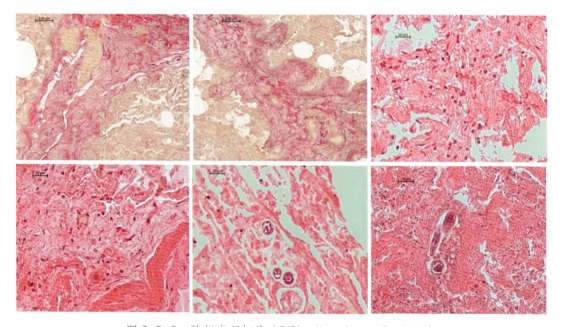

图 2-5-2　肺部病理切片（Filip-Hutsch et al., 2020）

伊维菌素：按每千克体重 0.2~0.3mg 的剂量，1 次喂服或皮下注射。
左旋咪唑：按每千克体重 10mg 的剂量，喂服，每日 1 次，连用 5d。
芬苯哒唑：按每千克体重 10mg 的剂量，喂服，每日 1 次，连服 2d。
对原圆线虫病的治疗可选用以下药物。
伊维菌素：按每千克体重 0.3mg 的剂量，1 次皮下注射或喂服。
多拉菌素：按每千克体重 0.3mg 的剂量，1 次肌肉注射。
左旋咪唑：按每千克体重 10mg 的剂量，喂服，每日 1 次，连用 5d。
丙硫苯咪唑：按每千克体重 10~20mg 的剂量，1 次混料喂服。
甲苯咪唑：按每千克体重 10mg 的剂量，喂服，每日 1 次，连服 2d。
芬苯哒唑：按每千克体重 10mg 的剂量，1 次喂服。

（六）预防

定期有计划地进行驱虫；注意保持笼舍的干燥和清洁卫生，杀灭中间宿主；及时清理粪便，并进行生物热处理，防潮湿积水。

第六章　大熊猫列叶吸虫病

大熊猫列叶吸虫病（notocotylidosis）又称槽盘吸虫病，是由背孔科（Notocotylidae）列叶属（*Ogmocotyle*）的吸虫寄生于大熊猫小肠内所引起的一种吸虫病。成虫主要寄生于大熊猫的十二指肠。我国报道寄生于大熊猫的有2种，即印度列叶吸虫（*Ogmocotyle indica*）和羚羊列叶吸虫（*Ogmocotyle pygargi*），以前者最为常见。

（一）病原

印度列叶吸虫：虫体小，粉红色，卵圆形或葵仁形，大小为（1.94~2.80）mm×（0.75~0.85）mm（图2-6-1）。前部稍狭，半透明；后端钝圆。背面稍隆起，两侧缘的角皮向腹面内侧卷曲形成深凹的沟槽，因而从腹面观察似船形。口吸盘小，位于虫体前端腹面。无咽，食道细短，两肠支沿体两侧向后延伸至睾丸内侧后缘水平。无腹吸盘。睾丸呈纵椭圆形或肾形，不分叶，位于虫体后部两侧。阴茎囊粗大，几乎呈半圆形，位于虫体中部，雄性生殖孔位于虫体左侧腹面。卵巢分为4~5叶，位于虫体末端中央，前缘达睾丸后缘水平；每叶呈圆形至椭圆形。梅氏腺位于卵巢正前方，两睾丸之间。卵黄腺滤泡呈圆形或椭圆形，13~24个，紧靠子宫区后缘呈"U"形或半圆形排列，并在梅氏腺前方汇合。子宫发达，在虫体后1/3~1/2处形成排列整齐而弯曲的横环；子宫末段发达，呈"S"形弯曲。雌性生殖孔位于雄性生殖孔之后。虫卵小，卵圆形，金黄色，不对称，大小为（15~22）μm×（10~17）μm，两端各具1根细长的卵丝，2根卵丝不等长。

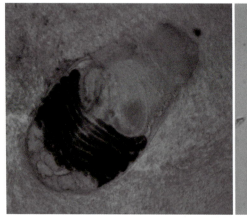 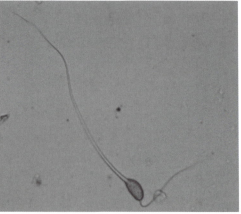

图2-6-1　印度列叶吸虫（Chen et al., 2019）

羚羊列叶吸虫：虫体呈长叶状，前端稍狭，后端钝圆，前体两侧缘向腹面卷曲，呈舟状，体表被以细刺。虫体长 2.55~2.86mm，宽 0.55~0.72mm。口吸盘位于亚顶端，类圆形。缺咽。肠管长，达到虫体的后端。睾丸 2 枚，位于虫体后 1/4 的两侧，居肠管之外侧，呈长条状或长椭圆形，浅分叶或深分叶。输精管前伸至虫体中部汇合呈管状弯曲的外储精囊，通向阴茎囊。阴茎囊粗大，位于虫体的中 1/3 处，呈"C"状弯曲，内含粗大的储精囊、非常发达的前列腺和粗壮的射精管，生殖孔开口于虫体的亚中部，偏向左侧，阴茎常伸出孔外。卵巢位于体末端中央，呈椭圆形。卵黄腺分布于后 1/3 处，始自睾丸前缘而终于睾丸亚末端，两侧滤泡向后逐渐向体中央靠近。子宫回旋于梅氏腺与雄茎囊中部之间，边缘伸出两肠之外，后接子宫末端至生殖孔，内含大量虫卵。虫卵小，不对称，大小为（20~25）μm×（12~16）μm，两端均具有卵丝。

（二）生活史

徐洪忠等（2005）研究发现，在贵州，小土蜗是印度列叶吸虫的中间宿主之一，是否还有其他中间宿主有待进一步研究。列叶吸虫在小土蜗体内完成从毛蚴、胞蚴、母雷蚴、子雷蚴、尾蚴的发育过程。从感染毛蚴到发育为成虫的时间在 50d 左右。

虫卵在有氧、有光照、有水的条件下，孵化温度在 18~30℃之间，孵化成毛蚴所需时间为 10~33d。低于 13℃时处于发育停止状态，高于 37℃时则死亡。

（三）流行病学

Price（1954）在美国动物园小熊猫体内发现了印度列叶吸虫。本虫种的中间宿主为陆生螺。印度列叶吸虫主要寄生于绵羊、山羊的小肠（主要是十二指肠和空肠），还寄生于黄牛、羚羊、小熊猫和大熊猫等动物（图 2-6-2 和图 2-6-3）。

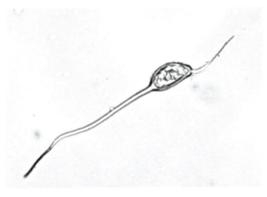

图 2-6-2 大熊猫列叶吸虫
（宋军科等，2016）

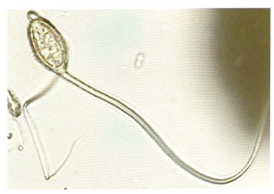

图 2-6-3 大熊猫列叶吸虫卵
（胡罕等，2018）

晏培松等（1987）对 7 例大熊猫尸体剖检发现，1 只大熊猫体内检出了大量列叶吸虫；何承德等（1987）解剖 5 例死亡的秦岭大熊猫发现，羚羊列叶吸虫的感染率为 100%（5/5），感染强度为 22~48584 条；赖从龙等（1993）从 1985 年到 1988 年对采集到的野外大熊猫粪便进行检查发现，列叶吸虫虫卵阳性率为 0.48%（13/2680）。生活在秦岭的野生大熊猫体内也曾发现列叶吸虫感染，强度相当高（杨光友，1998）。

（四）临床症状

轻度感染时患病动物无临床症状，严重感染时可引起肠炎，患病动物可出现腹泻、贫血等症状。虫体在大熊猫的十二指肠内寄生的数量最多，附着在十二指肠和小肠肠壁黏膜和组织上，可以引起出血点，或在个别肠系膜上有虫痕，可引起继发性感染和营养不良，严重者可导致死亡。

（五）诊断

可用沉淀法检查粪便中的虫卵进行诊断。死后剖检，在小肠中检获大量虫体可确诊。

（六）治疗

丙硫苯咪唑：按每千克体重 10mg 的剂量，喂服，每日 1 次，连用 2d。

吡喹酮：按每千克体重 3.5~7.5mg 的剂量 1 次皮下或肌肉注射；按每千克体重 5mg 的剂量，1 次喂服。

第七章 线中殖孔绦虫病

线中殖孔绦虫病是由圆叶目（Cyclophylla）中殖孔科（Mesocestoididae）中殖孔属（*Mesocestoides*）的线中殖孔绦虫（*Mesocestoides lineatus*）寄生于食肉动物体内所引起的一种绦虫病。线中殖孔绦虫分布于欧洲、非洲、北美洲，在俄罗斯、印度、以色列、巴勒斯坦、日本、韩国及中国，流行很广，经常发现于野生食肉动物体内。在我国见于大熊猫、小熊猫、狼和狐等动物体内。偶见于人体，人感染后出现腹痛、腹泻、食欲缺乏、贫血、体重减轻等症状，因此本虫种为人兽共患寄生虫。

（一）病原

线中殖孔绦虫的虫体全长 30~250 cm，最大宽度 3 mm。虫体淡黄色，约在 1/3 处开始，在各节片中线上有 1 个乳白色点，形成中轴点线，酷似孟氏迭宫绦虫。1982 年，姜泰京测量未经固定的虫体 12 条，长度为 29~68 cm，平均为 54.41 cm，最宽部位为孕节部，宽 1.0~1.6 cm（杨光友和张志和，2013）。

头节有 4 个吸盘，但缺吻突与吻钩，颈部甚短。成熟节片近方形，孕节则长大于宽，每个成熟节片具雌雄生殖器官各一套。生殖孔开口于节片腹面的中央。阴茎囊呈卵圆形，输精管呈卷曲状。睾丸 54~58 个，位于节片两侧，分布于排泄管的内外侧。卵巢与卵黄腺各呈两瓣状，位于体节的后缘。子宫在成熟体节中呈管状直列中央，无开口，孕节的子宫呈管囊状，在其后端特化有囊状的副子宫器，内接纳成熟的虫卵。虫卵具有 3 层胚膜，大小为（40~60）μm×（34~43）μm，虫卵内含 1 个卵圆形的六钩蚴。

四盘蚴（tetrathyridium）虫体细长，伸缩性很强，长 1~2mm 乃至 90mm，有的长达 350mm，虫体前端长 1.5~3.0mm，呈白色，不透明，具有不规则的横皱纹，顶端有 1 个较深的裂缝，系内陷的头节，头节上具 4 个吸盘，吸盘上有细长的裂口，虫体后端细长（图 2-7-1 和图 2-7-2）。

（二）生活史

1819 年，首次提出中殖孔属绦虫的幼虫阶段为四盘蚴，历经 100 余年后才得到证实。

线中殖孔绦虫的生活史过程需要 3 个宿主的参与才能完成。终末宿主体内排出的孕卵节片或虫卵，在外界环境中由第 1 中间宿主（毛甲螨 *Trichoribates* sp.、精菌甲螨

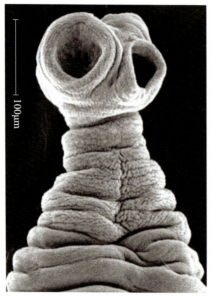 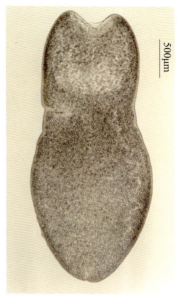

图 2-7-1　四盘蚴电镜扫描图　　　图 2-7-2　四盘蚴新鲜虫体
（Cho et al., 2013）　　　　　　　（Cho et al., 2013）

Scheloribates laevigatus、扁足菌甲螨 *Scheloribates latipes* 和点肋甲螨 *Punctorlbates* sp. 等）将虫卵食入，在其胃中孵出六钩蚴，逐渐发育为早期绦虫蚴。当第 2 中间宿主（如两栖类、爬行类、鸟类和一些哺乳类动物）采食时，食入被该绦虫蚴感染的甲螨类，在其体内逐渐发育为四盘蚴，此期为本绦虫的感染期幼虫，该蚴通常寄生于第 2 中间宿主的腹腔和胸腔，若感染严重时可在各组织器官中均有寄生，迄今文献中已记载的寄生部位为膈肌、肠系膜、网膜、淋巴结、肺、肝、肾、胃壁、肠壁、胸膜下、皮下、肌肉（包括肋间肌、心肌、腹肌）、心包、子宫和乳房，该四盘蚴在宿主组织内常包被于结缔组织纤维囊内，而寄生在胸腔中的四盘蚴处于游离状态；鸟类体内常见于肋间肌和肺脏，爬行类动物体内常见于肠系膜。

目前，已报道本绦虫的第 2 中间宿主约有 200 种。当终末宿主直接或间接食入含四盘蚴的动物肌肉、某脏器，或者保虫宿主捕食含四盘蚴的第 2 中间宿主时，该绦虫蚴在终末宿主或保虫宿主消化道中生长发育为成虫，成熟较早者在 2 周后从宿主粪便中排出节片，成虫在犬体内可生存 10 年之久。

（三）流行病学

线中殖孔绦虫的幼虫阶段（四盘蚴）寄生在各种脊椎动物体内，外观类似裂头绦虫的裂头蚴。四盘蚴寄生的第 2 中间宿主有猫、刺猬、普通蟾蜍、蜥蜴、响尾蛇、蝮蛇和雉鸡等。

终末宿主有很多，包括欧洲野猫、家猫、沙漠猫、远东野猫、草原斑猫、家犬、南美豹、金钱豹、丛林狼、胡狼、豺、浣熊、貉狸、伶鼬、赤狐、北极狐、草狐、美洲水貂、森林貂、草原貂、紫貂、大臭鼬、西伯利亚鼬、草原黄鼬、狼、貉、灰狐、狗獾、狼獾、斑盔臭鼬、水獭、条纹负鼠、短耳仓鼠、黑线姬鼠、褐家鼠、天山黄鼠、花鼠、巨泡五趾跳鼠、小毛足鼠和高山鼠兔等，也有在棕熊、大熊猫和小熊猫体内发生感染的报道。

1987年，姜泰京和邬捷在四川地区的大熊猫体内采得50余条虫体（杨光友和张志和，2013）。

（四）临床症状

轻度感染时，一般无症状。严重感染时，可引起食欲下降，消化不良、腹痛、腹泻或便秘、肛门瘙痒等症状。

（五）诊断

检查粪便中的孕卵节片、虫卵和卵囊可确诊。

（六）治疗

常用的驱虫药物有以下几种。

吡喹酮：按每千克体重3.5~7.5mg的剂量，1次皮下或肌肉注射；按每千克体重5mg的剂量，1次喂服。

盐酸丁萘脒：按每千克体重2.5~5mg的剂量，1次喂服。

氯氰碘柳胺钠：按每千克体重5~10mg的剂量，1次喂服或皮下注射。

（七）预防

圈养动物定期驱虫，驱虫以后的粪便及时清除，并堆积发酵，用生物热杀灭虫卵，防止虫卵污染环境。定期应用外用杀虫药物杀灭笼舍和运动场的中间宿主——甲螨类，以切断流行链。

第八章　裸头科绦虫病

一、曲子宫绦虫病

裸头科（Anoplocephalidae）中的曲子宫属（*Helictometra* 或 *Thysaniezia*）绦虫寄生于反刍动物小肠中，常与莫尼茨绦虫混合感染引起动物发病。目前，大熊猫感染的曲子宫属绦虫仅鉴定到属。

（一）病原

常见曲子宫属绦虫有盖氏曲子宫绦虫（*Helictometra giarai*）。盖氏曲子宫绦虫为大型绦虫，体长可达 4.3 m，最宽处 12 mm。头节呈圆形，具有 4 个卵圆形的吸盘。颈部短，其节片比莫尼茨绦虫的节片短。每个成熟节片内有一组生殖器官，生殖孔位于节片侧缘，左右不规则地交替排列。睾丸位于纵排泄管外侧，阴茎囊向外凸出，使虫体边缘外观不整齐。孕卵节片内子宫有许多上下弯曲，故名曲子宫绦虫。孕卵节片的子宫上有许多膨大部称副子宫器（又称子宫旁器、子宫周器官）。每个副子宫器内含虫卵 5~15 个。卵呈椭圆形，直径为 18~27 μm，卵内含有六钩蚴，无梨形器。

（二）生活史

曲子宫属绦虫的生活史与莫尼茨绦虫相似，中间宿主为甲螨或称地螨类（oribatid mites）。成虫寄生于草食动物的小肠内，孕卵节片或虫卵随终末宿主的粪便排出体外，被甲螨吞食，卵内的六钩蚴孵出，穿过消化道进入体腔，在甲螨体腔内发育为具有感染性的似囊尾蚴。反刍动物吃草时，吞入含有似囊尾蚴的甲螨后，甲螨被消化，似囊尾蚴以头节吸附于肠壁上，经 37~50d 发育为成虫，并排出孕卵节片。成虫的寿命为 2~6 个月，一般为 3 个月，此后虫体即自行排出体外。

（三）流行性病学

胡罕等（2018）采集了 44 只野外大熊猫粪便样本，进行了肠道寄生虫感染情况、种类及形态学的研究，首次报道了大熊猫感染曲子宫属绦虫。

（四）治疗

治疗曲子宫属绦虫病可采用下列药物。

丙硫苯咪唑：按每千克体重 10mg 剂量，喂服，每天 1 次，连用 3d。

吡喹酮：按每千克体重 3.5~7.5mg 剂量 1 次皮下或肌肉注射；按每千克体重 5mg 剂量，1 次喂服。

（五）预防

应在早春和秋末（11~12 月）进行 2 次驱虫，秋末驱虫以保护动物安全过冬为目的。由于幼龄动物在早春即可遭受感染，因此幼龄动物应间隔 4~5 周进行"成熟期前驱虫"，最好间隔 4~5 周后再进行第 2 次驱虫。成年动物是重要的传染源，也应定期进行预防性驱虫。驱虫后的粪便要集中堆积发酵，用生物热杀灭虫卵。可使用复合酚（1：200）等杀灭甲螨的药物，以杀灭动物圈舍内的甲螨，切断其生活史循环。

二、斯泰勒绦虫病

裸头科中的斯泰勒属绦虫（*Stilesia*）寄生于反刍动物小肠中。目前，大熊猫感染的斯泰勒绦虫仅鉴定到属。

（一）病原

斯泰勒属绦虫成虫体长 25 ~ 50cm，宽约 3mm。头节有 4 个突出的吸盘。节片很短。它们是雌雄同体，有 2 个充满卵子的副子宫器官（图 2-8-1）。每个节片都有排泄细胞，称为火焰细胞（原肾细胞）。每个节片的生殖器官都有一个共同的开口，称为生殖孔。成

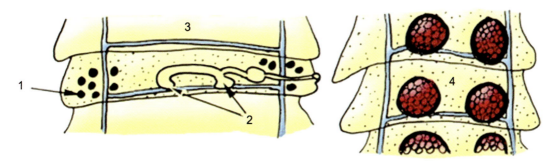

图 2-8-1 斯泰勒属绦虫的末梢子宫颈
1.睾丸 2.带有卵的子宫旁器 3.节片 4.末端节片
（Mehlhorn，2015）

熟的孕卵节片充满了卵子（数千枚），并从横裂体（即片段链）分离出来，随宿主的粪便排出体外。它们既没有消化管，也没有循环或呼吸系统。

（二）生活史

它们有间接的生命周期，反刍动物是它们的最终宿主。甲螨被怀疑是主要的中间宿主。成虫产生的卵随宿主的粪便排出，大多以孕卵节片的形式。根据物种和地区的不同，它们可以在这种环境中存活数月，有些甚至可以在寒冷的冬天存活。中间宿主摄取虫卵，虫卵在其体腔内发育为感染性囊虫。最后的宿主在进食这些被污染的中间宿主后被感染。消化后释放的囊尾蚴附着在肠壁上，在几周内发育为成虫。

（三）流行病学

在小反刍动物中，斯泰勒属绦虫的感染是非常严重且经常观察到的。目前，已报道的其主要宿主有山羊、绵羊。雨季是感染高峰。感染方式为虫生感染，甲螨和赤螨（*Erythrus* sp.）为斯泰勒属绦虫的中间宿主。胡罕等（2018）采集了44只野外大熊猫粪便样本，首次发现大熊猫感染斯泰勒属绦虫。

（四）临床症状

无明显临床症状。

（五）诊断

粪便样本检查是否有孕卵节片，孕卵节片看起来像米粒；尸检后，也可以很容易地看到肠道内的大型绦虫。

（六）防治

在野生环境中，消灭甲螨是不可能的。杀虫剂的使用比因感染而造成的潜在经济损失以及对环境的有害影响更为昂贵。因此，一般不使用杀虫剂。必要时可以用广谱驱虫剂（如阿苯达唑、苯达唑、甲苯达唑、恶苯达唑等）或特异性杀虫剂（如氯硝柳胺、吡喹酮等）。特殊的杀虫剂也可与杀线虫剂如伊维菌素、左旋咪唑等混合使用。

参考文献

车桂翠,张恩珠,贲亚华,2000.动物园动物体内寄生虫的调查.中国兽医杂志,26(4):26.

陈蓉,周薇,陈楠,等,2019.1例小熊猫印度列叶吸虫病.中国兽医杂志,55(11)127-128.

陈心陶,蔡尚达,李桂云,等,1985.中国动物志扁形动物门吸虫纲复殖目.北京:科学出版社.

杜高鹰,陈志元,许荣双,等,1987.大熊猫蛔虫二病例报告.见:中国野生动物保护协会.大熊猫疾病治疗学术论文选集.北京:中国林业出版社:18-19.

段志勤,才学鹏,王佩雅,等,1998.甘肃省甘南牧区绵羊裸头科绦虫的感染状况及其季节动态中国兽医科技,28(12):41-42.

樊培方,周忠雄,1986.两种亚洲象线虫的扫描电镜观察.上海农学院学报,4(3):206-210.

范树奇,孙明芳,1988.在我国首次发现线中殖孔绦虫感染一例.中国寄生虫学与寄生虫病杂志,198(04):72.

房春林,严慧娟,杨光友,等.2009.新型广谱抗寄生虫新药——美贝霉素研究进展.中国动物保健,3:104-106.

费宇翔,黄红松,杨光友,等.2009.应用 ITS-2 基因对小熊猫源恶丝虫虫种的鉴定.中国兽医科学,39(7):593-596.

冯文和,胡铁卿,毕凤洲,等,1985.大熊猫濒危原因剖析.动物世界,2(1):1-8.

何承德,刘世修,陈兴汉,1987.秦岭大熊猫寄生虫初报.见:中国野生动物保护协会.大熊猫疾病治疗学术论文 选集.北京:中国林业出版社:25-29.

何光志,牛李丽,杨光友,等,2008.大熊猫等八种野生珍稀动物蛔虫 ITS-2 基因的序列分析.中国兽医科学,38(11):933-938.

何宏全,于三科,林青,等,2005.西安地区警犬心丝虫微丝蚴的检查.动物医学进展,26(2):114-115.

候洪烈,张西臣,2005.丹东地区犬恶丝虫病的血清流行病学调查.莱阳农学院学报,22(3):210-212.

胡罕,张旭,裴俊峰,等,2018.野外大熊猫肠道寄生虫形态及感染情况调查.经济动物学报，22（2）：106-11.

胡洪光，黄华，赵观禄，等，1993.重庆动物园野生动物寄生虫名录及新种新记录记述.四川师范学院学报（自然科学版），14（4）：33-35.

胡洪光，1983.应用丙硫苯咪唑驱除小熊猫吸虫的疗效介绍.见：中国动物园协会.中国动物园年刊（第六期）.上海：中国动物园协会科普教育编辑出版部：123-124.

金立群，许世锷，陆秀君，2001.中殖孔绦虫与中殖孔绦虫病研究概况.汕头大学医学院学报，14（3）：210-213.

金立群，许世锷，刘忠.1999.线中殖孔绦虫生殖系统观察及副子宫器的发育（英文）.中国寄生虫病防治杂志（4）：28-30.

赖从龙，沙国润，张同富，等，1983a.成都市动物园野生哺乳动物蛔虫感染的调查简报.四川动物，2（1）：46.

赖从龙，邱贤猛，罗秀芬，等.1983b.卧龙自然保护区野生动物寄生虫初步调查.四川动物，2（1）：46.

赖从龙，沙国润，张同富，等，1983c.肺线虫的一新亚科、新属和新种.四川农学院学报，1（1）：79-84.

赖从龙，沙国润，张同富，等，1983d.寄生于在猪胃内的都氏颚口线虫.动物学杂志，3：37-39.

赖从龙，邱贤猛，罗秀芬，1993.野外大熊猫内寄生虫病调查.中国兽医杂志，19（5）：10.

赖从龙，沙国润，张同富，等，1982.成都市动物园野生动物寄生虫调查报告.四川动物，1（4）：18-23.

赖从龙，沙国润，张同富，等，1981.羚牛 Budorcas taxicolor Hodgson——鹿网尾线虫的新宿主.中国兽医杂志，7（8）：13-16.

李创新，成玉梅，兰敬国，1990.亚洲象体内寄生虫防治研究.野生动物，2：22-24.

李建华，1988.寒冷环境对西氏贝蛔虫卵发育的影响.中国兽医科技，9：19-23.

李建华，1989a.西氏贝蛔虫感染所致嗜酸性粒细胞血症的动态观察.贵阳医学院学报，14（3）：194-196.

李建华，1989b.西氏贝蛔虫幼虫在小鼠体内的发育.中国兽医科技，8：24-25.

李建华，1990a.蛔虫引起的内脏幼虫移行症.中国人兽共患病杂志，12（3）：56-59.

李建华，1990b.西氏贝蛔虫幼虫对小鼠致病作用的观察.中国人兽共患病杂志，6（4）：32-34.

李建华，1990c.大熊猫西氏蛔虫幼虫在小鼠体内的移行、分布及发育.动物学报，35（3）：236-243.

李建华，1993. 西氏贝蛔虫幼虫在实验宿主组织切片中的形态学观察. 贵阳医学院学报，18（3）：184-187.

李尧述，1987. 大熊猫蛔虫病与肺炎病例. 见：中国野生动物保护协会. 大熊猫疾病治疗学术论文选集. 北京：中国林业出版社：38-39.

林琳，江斌，吴胜会，2016. 一起山羊列叶吸虫病的诊治及体会. 福建畜牧兽医，38（2）29-30.

刘世修，邬捷，1985. 原圆科线虫的一新亚科、新属和新种. 动物世界，2（3-4）：243-248.

刘世修，1989. 羚牛原圆科线虫的一新种记述（圆形亚目：原圆科）. 动物分类学报，14（3）：269-272.

刘世修，1994. 中国羚牛的寄生虫名录. 野生动物（6）：38-39.

马国瑶，1987. 甘肃省文县大熊猫蛔虫和蜱采集记录，四川动物，6（3）：34.

彭雪蓉，杨光友，2007. 大熊猫西氏贝蛔虫与黑熊横走贝蛔虫成虫体内8种无机元素的分析. 西华师范大学学报（自然科学版），28（3）：212-215.

裘明华，朱朝军，1987. 大熊猫的寄生虫及其防治. 中国野生动物保护协会. 大熊猫疾病治疗学术论文选集. 北京：中国林业出版社：1-9.

全福实，姜泰京，李顺玉，1996. 中殖孔绦虫病概况. 延边大学医学学报，19（2）：116-119.

全福实，姜泰京，李顺玉，1996. 中殖孔绦虫生活史研究现状. 延边大学医学学报，19（2）：114-115.

全福实，姜泰京，1995. 中殖孔绦虫病原分类学研究概况. 延边大学医学学报，18（3）：209-212.

施新泉，周忠勇，符敖齐，等，1990. 上海动物园野生动物寄生虫名录（III报）. 江苏农学院学报，11（1）：71-75.

施新泉，周忠勇，1993. 上海动物园蛔类线虫记述. 中国兽医杂志，19（10）19-20.

宋军科，王正皓，王会宝，等，2016. 秦岭大熊猫槽盘吸虫的鉴定与遗传进化分析. 中国兽医学报，36（4）：563-566.

汤丽敏，2007. 犬中殖线绦虫 *Mesocestoides lineatus* 形态结构的观测. 畜牧兽医科技信息（5）：20.

田华剑，王强，李尧述，等，1985. 丙硫苯咪唑驱除野生动物体内寄生虫试验. 中国兽医杂志（7）：17-18.

汪明，2003. 兽医寄生虫学（第三版）. 北京：中国农业出版社.

汪涛, 杨光友, 王成东, 等, 2008. 新型广谱抗生素类驱虫药——塞拉菌素的研究进展. 黑龙江畜牧兽医, 11: 15-16.

王承东, 汤纯香, 邓林华, 等. 2007. 野生大熊猫直肠脱出并发直肠套叠病例. 中国兽医杂志, 43 (3): 64-65.

王丽真, 郑经鸿, 王新华, 等. 1988. 新疆奎屯草场甲螨类生态学研究. 动物学报, 34 (1): 52-57.

王溪云, 周静仪, 1993. 江西动物志人与动物吸虫志. 南昌: 江西科学技术出版社.

邬捷, 胡洪光, 1985. 大熊猫的蛔虫病. 野生动物 (5): 42-43.

邬捷, 胡洪光, 1988. 熊猫蛔虫定期驱虫报告. 畜牧与兽医 (3): 118-119.

邬捷, 姜永康, 吴国群, 等, 1987. 熊猫蛔虫卵抵抗力的观察. 中国兽医杂志, 13 (7): 7-9.

邬捷, 张德洪, 胡洪光, 1985. 大熊猫蛔虫卵发育期的观察. 中国兽医杂志 (10): 9-13.

邬捷, 张德洪, 胡洪光, 1985. 熊猫蛔虫生活史的研究. 中国兽医科技 (6): 21-23.

邬捷, 1959. 寄生于小熊猫的 *Ogmocotyle indica* Bhalerao, 1942 吸虫. 动物学报, 11 (4): 561-564.

吴龙华, 包超一, 顾永熙, 等, 2003. 山西羚牛常见寄生虫病的防治. 中国动物园协会. 中国动物园论文集 (第十辑). 上海: 中国动物园协会科普教育编辑出版部: 138-210.

向不元, 邱贤猛, 王强, 1991. 羚牛内寄生虫调查研究. 四川农业大学学报, 9 (3): 458-463.

肖洛澳, 许荣双, 陈志元, 等, 1987. 大熊猫蛔虫阻塞胰管致急性出血性胰腺炎临床病理分析. 见: 中国野生动物保护协会. 大熊猫疾病治疗学术论文选集. 北京: 中国林业出版社: 447.

徐洪忠, 殷秀丽, 阳德华, 等, 2004. 山羊槽盘吸虫病 (Ogmocotylosis) 的防治研究. 上海畜牧兽医通讯 (06): 11-10.

薛克明, 阮世炬, 1987. 野外大熊猫的蛔虫病的感染及治疗. 中国野生动物保护协会. 大熊猫疾病治疗学术论文选集. 北京: 中国林业出版社: 30-33.

晏培松, 苏明, 1987. 七例大熊猫尸体解剖的病理学观察. 中国野生动物保护协会, 大熊猫疾病治疗学术论文集. 北京: 中国林业出版社: 10-17.

杨光敏, 王凤临, 丁伟璜, 等, 1985. 大熊猫等野生动物蛔虫生化指标的观察. 中国兽医科技 (9): 19-23.

杨光友, 李贵仁, 杨本清, 等. 1998. 蜂桶寨自然保护区野生羚牛内寄生虫调查. 四川动物, 17 (1): 30.

杨光友, 王成东, 2000. 小熊猫寄生虫与寄生虫病研究进展. 中国兽医杂志, 26 (3): 36-38.

杨光友，1998. 大熊猫寄生虫与寄生虫病研究进展. 中国兽医学报，18（2）：206-208.

杨光友，2009. 动物寄生虫病学（第三版）. 成都：四川科学技术出版社.

杨光友，张志和，2013. 野生动物寄生虫病学. 北京：科学出版社：415.

杨旭煜. 1993. 野生大熊猫蛔虫感染率与栖息地关系讨论. 四川林业科技，14（2）：70-73.

叶志勇，张安居. 1981. 驱除熊猫蛔虫用药规律的探讨. 动物学杂志，（2）：46-47.

叶志勇，1989. 50例野外大熊猫疾病及防治. 中国兽医杂志，15（2）：30-31.

叶钟灼，1984. 小熊猫严重感染印度槽盘吸虫一例. 四川动物，3（4）：43.

张华声，张再历，1988. 危及大熊猫生存的蛔虫病. 野生动物，（2）：23.

张同富，杨光友，卢明科，等，2005. 四川动物体内发现的钩口线虫. 四川动物，2（24）：178-179.

赵辉元，1998. 人兽共患寄生虫病学. 长春：东北朝鲜民族教育出版社.

郑经鸿，王丽真，王新华，等，1989. 绵羊裸头科绦虫流行病学规律及其防治研究. 中国兽医杂志，15（12）：9-12.

周家宪，王志强，2010. 美贝霉素肟药理学及临床应用研究进展. 中国兽药杂志，44（6）：39-41.

周忠勇，1986. 大熊猫的三种寄生虫及其治疗. 中国动物园年刊（内部刊物）：111-112.

ABBOT D P, MAJEED S K, 1984. A survey of parasitic lesions in wild-caught, laboratory-maintained primates:（rhesus, cynamolgus, and baboon）. Veterinary Pathology, 21：198-207.

ABRAHAM D, GRIEVE R B, 1990. Genetic control of murine immune responses to larval Dirofilaria immitis. Journal of Parasitology, 76（4）：523-528.

ABRAHAM D, GRIEVE R B, 1991. Passive transfer of protective immunity to larval *Dirofilaria immitis* from dogs to BALB/c mice. Journal of Parasitology, 77（2）：254-257.

ALIPURIA S, SANGHA H K, SINGH G, et al., 1996. Trichinosisa case report. Indian Journal Pathol Microbiol, 39（3）：231-232.

ALMEIDA M A O, BARROS M T G, SANTOS E P, et al., 2001. Parasitism of dogs with microfilaria of Dirofilaria immitis: influence of the breed, sex and age. Revista Brasileira de Saude Producao Anim, 2（3）：59-64.

ALVAREZ F R, IGLEIAS J, BOS J, et al., 1990. New findings on the helminth fauna of the common European genet（*Genetta genetta* L.）：first record of Toxocara genettae Warren, 1972（Ascarididae）in Europe. Annales de Parasitologie Humaine et Comparee, 65：244-248.

APPLEYAD G D, GAJADHAR A A, 2000. A review of trichinellosis in people and wildlife in Canada. Can J Public Health, 91(4): 293-297.

ASAKAWA M J F, LI A H, GUO X Y, et al., 1994. A new host and locality for *Toxocara apodemi* (Olsen, 1957) (Nematoda: Ascarididae) from sriped field mice, *Apodemus agrarius* (Pallas) (Rodentia: Murinae) in Changsha, China. Journal of Rakuno Gakuen University (Natural Science), 19: 193-196.

AVERBECK G A, VANEK J A, STROMBERG B E, et al., 1995. Differentiation of *Baylisascaris* species, *Toxocara canis*, an *Toxcara leonine* infections in dogs. Compend Contin Educ Pract Vet, 17: 475-478.

AYSEN G, LBRAHIM F, MUFIT T, et al., 2002. First Case Report of Dioctophyme renale (Goeze, 1782) in a Dog in Üstanbul, Turkey. Turk J Vet Anim Sci, 26: 1189-1191.

BARROS D M, Lorini M L, Persson V G. 1990. Dioctophymosis in the little grison (*Galictis cuja*). Journal of Wildlife Discovery, 26(4): 538-539.

BARROS G C, LORINI M L, PERSSON V G, 1990. Dioctophymosis in the little Grison (*Galictis cuja*). Journal of Wildlife Diseases, 26: 538-1538.

BEAVER P C, GEY A, 1995. Efficacy of six anthelmintics against iuminal stages of Baylisascaris procyonis in naturally infected raccoons (*Procyon lotor*). Veterinary Parasitology, 60: 115-159.

BOWMAN D D, 1999. Georgis' Parasitology for Veterinarians (7th ed). Philadelphia: W. B. Saunders Company.

CALLAHAN G N, 2003. Eating dirt. Emerg Infect Dis, 9: 1016-1021.

CÖLTENBOTH R, 1985. Some notes on the veterinary care of giant pandas (*Ailuropoda melanoleuca*) at the Berlin Zoo. Proceedings of the International Symposium on the Giant Panda, 10: 127-128.

CHARLES T N, JOHN W M, SHELDON B R, et al., 2005. Guidelines for the diagnosis, prevention and management of heart-worm (Dirofilaria immitis) infection in dogs. Veterinary Parasitology, 133(3): 255-266.

CHITWOOD M, 1970. Comparative relationships of some parasites of man and old and new world subhuman primates. Laboratory Animal Care, 20: 389-394.

CHO S H, KIM T S, KONG Y, et al., 2013. Tetrathyridia of *Mesocestoides lineatus* in Chinese snakes and their adults recovered from experimental animals. The Korean Journal of Parasitology, 51(5): 531.

CHOQUETTE L, GIBSON G, PEARSON. A, 1969. Helminths of the grizzly bear, Ursus arctos L, in northern Canada. Canadian Journal Zoology, 47: 167-170.

CRICHTONV J, URBAN R E. 1970. *Dioctophyme renale* (Goeze, 1782) (Nematoda: Dioctophymata) in Manitoba mink. Canandian Journal of Zoology, 48 (3): 591-592.

CUNNINGHAM C K, Kazacos K R, McMillan J A, et al., 1994. Diagnosis and management of *Baylisascaris procyonis* infection in an infant with nonfatal meningoencephalitis. Clin Infect Dis, 18 (6): 868-872.

CYRANOSKI D, 2003. China takes steps to secure pole position in primate research. Nature, 424: 432-434.

D E, ZHANG A J, ZHANG H M, et al., 2007. Giant Pandas: Biology, Veterinary Medicine and Management. New York: Cambridge University Press: 388-390.

DEBBOUN M, GREEN T J, RUEDA L, et al., 2005. Relative abundance of tree holebreeding mosquitoes in Boone County, Missouri, USA, with emphasis on the vector potential of Aedes triseriatus for canine heartworm, *Dirofilaria immitis* (Spirurida: Filaridae). Journal of the American Mosquito Control Association, 21 (3): 274-278.

DI FILIPPO M M, MEOLI R, CAVALLERO S, et al., 2018. Molecular identification of *Mesocestoides metacestodes* in a captive gold-handed tamarin (*Saguinus midas*). Infection, Genetics and Evolution, 65 (1): 399-405.

GOLDBERG M A, KAZACOS K R, BOYCE W M, et al., 1993. Diffuse unilateral subacute neuroretinitis: morphometric, serologic, and epidemiologic support for Baylisascaris as a causative agent. Ophthalmology, 100 (11): 701-1695.

GOTOH S, 2000. Regional differences in the infection of wild Japanese macaques by gastrointestinal helminth parasites. Primates, 41: 291-298.

HE G Z, WANG T, YANG G Y, et al., 2009. Sequence analysis of *Bs-Ag2* gene from Baylisascaris schroederi of giant panda and evaluation of the efficacy of a recombinant *Bs-Ag2* antigen in mice. Vaccine, 27: 3007-3011.

KAZACOS K R, BOYCE W M, 1989. Bayliscaris larva migrans. Journal of the American Veterinary Medical Association, 195: 894-903.

KIKUCHI S, OSHIMA T, SAITO K, et al., 1979. Scanning electron microscopy of an ascarid *Baylisascaris schroederi* from the giant pandas, *Ailuropoda melanoleuca*. Journal Parasitol, 28: 329-334.

LECLERC-CASSAN M, 1985. The giant panda Li-Li: history and pathological findings. Proceedings of the International Symposium on the Giant Panda, 10: 169-174.

LOEFFLER I K, MONTALI R J, RIDEOUT B A, 2006. Diseases and pathology of giant pandas. In: WILDT D E, ZHANG A J, Zhang H M, et al. Giant Pandas: Biology, Veterinary Medicine and Management. New York: Cambridge University Press: 388–390.

MEHLHORN, H, 2015. Stilesia. In: Mehlhorn, H. Encyclopedia of Parasitology. Heidelberg, Berlin: Springer.

MURRAY E F, 2008. Zoo And Wild Animal Medicine (Sixth Edition). Philadelphia: By Saunders, an imprint of Elsevier Inc.

OSHMARIN P G, DEMSHIN N I, 1972. The helminths of domestic and some wild animals in Vietnam. Trudy Biologo-Pochyennogo Instituta; Dal'nevostochnyi Nauchnyi Tsentr AN SSSR (Issledovaniya po faune, sistematike i biokhimii gel'mintov Dal'nego Vostoka), 11(114): 5–115.

PRICE E W, 1960. A note on *Ogmocotyle ailuri* (Pria, 1954) (Trematoda: Notocotylidae). Pro Helminth Soc Wash, 27: 119–121.

QIN Z, LIU S, BAI M, et al., 2021. First report of fatal baylisascariasis-induced acute pancreatitis in a giant panda. Parasitology International, 84: 102380.

ROBERTS L, Janvoy J, 1996. Foundations of Parasitology. 6th ed. Massachusetts: The McGraw-Hill Companies.

SAMUEL W M, PYBUS M J, KOCAN A A, 2001. Parasitic Diseases of Wild Mammals. 2nd ed. London: Manson Publishing /The Veterinary Press.

SHARMA D V P., 1966. Studies on the morphology and biology of *Ogmocotyle indica* (Bhalerao, 1942) Kwiz, 1946. Indian J Helminth, 18: 15–24.

URQUHAR G M, AMOUR J, DUNCAN J L, et al., 1996. Veterinary Parasitology (2nd ed). Oxford: Blackwell Science.

VINEY M E, LOK J B. The biology of *Strongyloides* spp. WormBook, 2015: 1–17.

WANG T, HE G Z, YONG G Y, et al., 2008. Cloning, expression and evaluation of the efficacy of a recombinant baylisascaris schroederi Bs-Ag3 antigen in mice. Vccine, 26: 6919–6924.

XIE Y, HOBERG E P, YANG Z, et al., 2017. *Ancylostoma ailuropodae* n. sp. (Nematoda: Ancylostomatidae), a new hookworm parasite isolated from wild giant pandas in Southwest China. Parasites & vectors, 10(1): 1–8.

XIE Y, ZHANG Z, WANG C, et al., 2011. Complete mitochondrial genomes of *Baylisascaris schroederi*, *Baylisascaris ailuri* and *Baylisascaris transfuga* from giant panda, red panda and polar bear. Gene, 482(1-2): 59–67.

ZHANG J S, DASZAK P, HUANG H L, et al., 2008. Parasite threat to panda conservation. Ecohealth, 5(1): 6–9

第三部分 原虫病

第一章 大熊猫安氏隐孢子虫病

大熊猫安氏隐孢子虫病是由孢子虫纲（Sporozoa）真球虫目（Eucoccidiorida）艾美尔球虫亚目（Eimeriorina）隐孢子虫科（Cryptosporidiidae）隐孢子虫属（Cryptosporidium）的安氏隐孢子虫（Cryptosporidium andersoni）寄生于大熊猫体内所引起的原虫病，一些其他未定种 Cryptosporidium spp. 也可寄生于大熊猫。

（一）病原

安氏隐孢子虫是 Lindsay 等（2000）根据分子生物学数据和感染特性从鼠隐孢子虫中鉴定出的一个新种，其卵囊形态大小与鼠隐孢子虫相似，比微小隐孢子虫卵囊大，主要感染牛（图 3-1-1~ 图 3-1-4）。卵囊大小为（6.00~8.10）μm×（5.00~6.50）μm，平均为 7.40μm×5.50μm，形状指数为 1.35。野生动物隐孢子虫基因型的命名在很大程度上仍依赖于寄生宿主，即当发现与现有的基因序列资料存在显著且稳定的差异时，就会根据寄生宿主来命名一个新的基因型。已有报道发现，大熊猫粪便中分离出的隐孢子虫种并非只有一个基因型。如 Xuehan Liu 等（2013）发现了一种感染大熊猫的隐孢子虫新的基因型：隐孢子虫大熊猫基因型（Cryptosporidium giant panda genotype）。Wang 等（2015）对四川两个大熊猫研究中心的大熊猫粪便样品进行检测后，对分离到的隐孢子虫进行分子分析，发现分离的虫种为安氏隐孢子虫（C. andersoni）。

（二）生活史

隐孢子虫的生活史发育过程无须宿主转换，发育过程包括裂殖生殖、配子生殖和孢子生殖 3 个发育阶段。各发育期均在宿主上皮细胞的胞膜与胞质之间的带虫空泡中进行，形成的孢子化卵囊有厚壁型和引起自身感染的薄壁型 2 种类型。而球虫的裂殖生殖、配子生殖是在

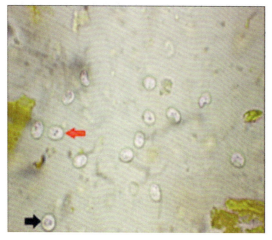

图 3-1-1 安氏隐孢子虫（黑色箭头所指椭圆形）在漂浮下折射卵囊（×100）
（Rekha et al, 2016）

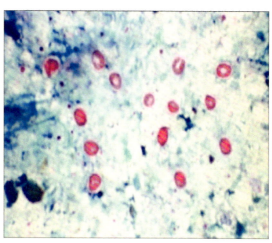

图 3-1-2 镜检安氏隐孢子虫（椭圆形）粉红色卵囊 Ziehl-Neelsen 染色法
（Rekha et al, 2016）

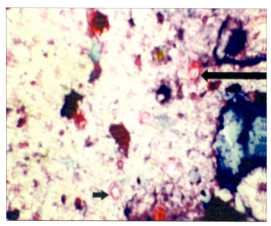

图 3-1-3 镜检安氏隐孢子虫（椭圆形）红卵囊 Kinyoun 抗酸染色法
（Rekha et al, 2016）

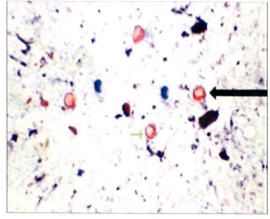

图 3-1-4 镜检安氏隐孢子虫（椭圆形）卵囊藏红亚甲基蓝染色法
（Rekha et al, 2016）

宿主上皮细胞的胞质内进行，孢子生殖则在外界环境中进行，也不形成引起自身感染的卵囊。

隐孢子虫主要由卵囊经口感染，也可通过呼吸道感染。易感动物摄入或吸入环境中的卵囊后，子孢子脱囊侵入胃肠道或呼吸道的上皮细胞中，进行 2~3 代裂殖生殖。最后一代裂殖子重新侵入宿主上皮细胞后发育为大配子体、小配子体，大配子体发育为大配子，每个小配子体则分裂形成 16 个呈子弹形、无鞭毛的小配子。大配子、小配子结合成为合子，合子形成囊壁后即为卵囊。卵囊仍留在带虫空泡中经孢子生殖形成孢子化卵囊。孢子化卵囊有 2 种类型：薄壁型卵囊约占 20%，只有一层单位膜，子孢子在宿主体内可自行脱囊，从而造成宿主的自身循环感染；厚壁型卵囊则随宿主粪便或痰液排至外界，感染新的宿主。生活史周期为3~8d，显露期几天到几个月，与感染程度、宿主年龄和机体免疫状态有关。卵囊主要随宿主粪便排出，少数可随痰液排出。

（三）流行病学

（1）传染源

隐孢子虫的传染源是患病动物或向外界排卵囊的带虫动物。

（2）传播途径

隐孢子虫主要经口感染，隐孢子虫传播途径多为动物—动物传播，即通过动物之间直接接触或通过动物粪便污染的水源和饲草料进行传播。

（3）易感宿主

隐孢子虫不具有明显的宿主特异性，各动物之间可发生交叉感染，特别是同一纲的动物之间有广泛的交叉感染现象。隐孢子虫的宿主范围很广，可寄生于包括人在内的150多种哺乳动物、30多种鸟类、57种爬行动物以及淡水鱼类和海鱼等。

（4）流行情况

大熊猫隐孢子虫感染最早由刘学涵等于2012年报道。实验采集了57份大熊猫新鲜粪便，使用饱和蔗糖溶液漂浮法进行检测。结果表明，57份大熊猫粪便样品中检测出1份阳性，感染率为1.8%。该阳性样品来自一只老龄圈养大熊猫，对该阳性样品进行显微镜观察发现，每个视野最多可见1~3个隐孢子虫卵囊，最少时100个视野可见1个卵囊。随后，Wang等（2015）对322份大熊猫粪便样品进行隐孢子虫研究，从122份圈养大熊猫粪便样品中检测出19份阳性样品，阳性率为15.6%；而在200份野生大熊猫粪便样品中仅检测出1份阳性，阳性率为0.5%，这也是第一次从野生大熊猫粪便样品中检测出隐孢子虫阳性样品。对于两项研究中圈养大熊猫与野生大熊猫隐孢子虫阳性率的差异，Wang等认为可能与隐孢子虫感染的季节波动性有关。

（5）季节性

隐孢子虫引起的疾病流行有一定的季节性，高峰期为温暖多雨的季节，每年春季、夏季和初秋为主要季节。而且，自然感染程度与营养水平、卫生条件存在着一定关系。良好的环境卫生和饲养管理条件对防止隐孢子虫感染极为重要。

（四）临床症状

动物感染隐孢子虫病的临床表现与动物的品种、年龄、免疫状态等有关。在多数动物中，隐孢子虫感染常不表现临床症状或仅表现为急性、自限性疾病。

隐孢子虫病主要危害幼龄动物。患病动物表现为精神沉郁、厌食、腹泻，粪便带有大量的纤维素，有时含有血液；动物生长发育停滞，极度消瘦，有时体温升高。病理剖检的主要特征为空肠绒毛层萎缩和损伤，肠黏膜固有层中的淋巴细胞、浆细胞、嗜酸性粒细胞和巨噬细胞增多，肠黏膜的酶活性较正常黏膜的低，呈现出典型的肠炎病变。在病变部位可发现大量的隐孢子虫的各期虫体。

（五）诊断

隐孢子虫感染临床上多为隐形潜伏感染，不出现任何症状，或即使有明显的症状，也常常属于非特异性的，不能用于确诊。而且动物发病时还常常伴有许多条件病原体的感染。因此，必须在实验室诊断中查出病原体或特异性的抗体或抗原，方可确诊。

粪便样品的隐孢子虫病的检测主要是改良抗酸染色法（MAFS）和免疫荧光抗体检测（IFA）。血液样品可以用酶联免疫吸附测定（ELISA）和酶免疫测定（EIA）等。

粪便漂浮法：取粪便5g，加水15~20mL，以260孔尼龙筛或四层纱布过滤，滤液以3000r/min离心10min，弃上清液，加漂浮液再次离心10min，蘸取液膜进行检查，在500~1000倍显微镜下观察卵囊。

染色法：将待检粪样制成涂片或病变组织的黏膜触片，自然干燥，甲醇固定5min后染色。染色方法常有改良抗酸染色、金胺-酚染色、沙黄-美蓝染色、吉氏染色和复合染色法等。常用染色方法是改良抗酸染色法，镜检时在绿色背景上可观察到多量红色的虫体，呈圆形或椭圆形，大小为2~5μm。

分子生物学诊断：由于不同种和基因型的卵囊大小范围有交叉以及形态的相似性，需要利用分子生物学方法确定隐孢子虫种类、基因型和亚型。隐孢子虫种类和基因型鉴定的优选靶标是小亚基 *rRNA* 基因，而亚型分型最常用位点为60ku糖蛋白基因。

血清学诊断法：主要有酶联免疫吸附试验、免疫荧光试验、单克隆抗体技术和免疫印迹技术等，目前已有一些商品化的隐孢子虫诊断试剂盒出售。

对可疑的病例也可采用实验动物感染加以确诊。

（六）预防

本病的预防主要是阻断传播途径，加强卫生管理，防止饮水和饲料的污染，提高动物机体的免疫力。隐孢子虫的卵囊对环境和消毒剂的抵抗力很强，在湿冷环境中可以存活几个月。在5~10℃，部分卵囊仍然保持感染性达6个月时间，但冷冻和高温可使卵囊迅速失活，常用的消毒药物中只有少数几种对卵囊有杀灭作用。采用50%氨水5min、30%过氧化氢30min、10%福尔马林120min、蒸气消毒和福尔马林或氨气熏蒸等方法对所有物体及其表面进行消毒，结合严格的卫生管理措施和药物预防，在一定程度上可以预防隐孢子虫病的发生。

第二章 巴贝斯虫病

大熊猫巴贝斯虫病（babesiosis）是由顶复门（Apicomplexa）孢子虫纲（Sporozoa）梨形虫亚纲（Piroplasmia）中的巴贝斯科（Babesiidae）巴贝斯属（*Babesia*）原虫寄生于大熊猫体内所引起的一类血液原虫病，其主要临床症状为高热、贫血、黄疸和血红蛋白尿等。

（一）病原种类

迄今，全世界记载的各类哺乳动物的巴贝斯虫已达 70 余种。其中，寄生于野生动物的巴贝斯科原虫种类有 30 余种，可危害犬科、猫科、浣熊科、鹿科和灵长类等动物，个别种类还有人体感染的报道。Yue 等（2020）于 2020 年首次检测并鉴定了在大熊猫红细胞中寄生的巴贝斯虫。该巴贝斯虫可能是一个新物种，目前命名为巴贝斯虫 EBP01。

（二）形态特征

寄生于哺乳动物红细胞内的巴贝斯虫呈圆形、梨形、杆形或阿米巴形等多种形态，虫体的大小和形态因种类不同而异，且不同形态的虫体常同时存在于红细胞内。尽管同一种梨形虫经常出现多种形态，但就一种梨形虫来讲，总有其中的一种或几种形态是该种梨形虫的固有形态，即称为典型形态或虫体。虫体在吉姆萨液染色后，原生质呈浅蓝色，边缘着色较浓，中央较浅或呈空泡状的无色区，染色质呈暗红色，成 1~2 个团块（图 3-2-1 和图 3-2-2）。

巴贝斯虫属原虫寄生于哺乳动物血细胞内，大多数呈梨形，个别为圆形或梭形。其大小不一，主要可分为 2 类："小型巴贝斯虫"呈梨形，虫体长度仅 1.0~2.5 μm；而"大型巴贝斯虫"虫体长度均大于 2.5 μm。巴贝斯虫的传播媒介为多种蜱类，并在这些媒介的肠道和血淋巴内进行有性繁殖。

寄生于大熊猫的未定种巴贝斯虫在红细胞中心附近形态多为圆形至椭圆形（或环形），末端呈尖状（图 3-2-1）。细胞核沿外边界呈圆形。此外，还发现了巴贝斯虫成对的梨形裂殖子，但没有典型的十字形裂殖子。裂殖子的平均大小为（1.97±0.35）μm×（1.29±0.11）μm［范围为（1.54~3.19）μm×（0.93~1.63）μm；$n=20$］。

（三）生活史

巴贝斯虫的生活史过程包括裂殖生殖、配子生殖和孢子生殖 3 个阶段。

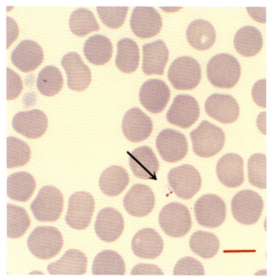

图 3-2-1 吉姆萨染色的大熊猫巴贝斯虫的薄血涂片（最终放大率为×1000。比例尺：5μm。箭头代表含虫体的红细胞。）

（Yue et al., 2020）

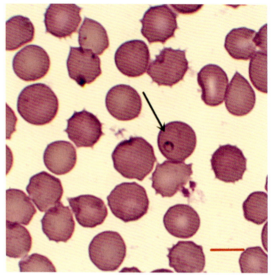

图 3-2-2 大熊猫巴贝斯虫快速染色薄血涂片（最终放大率为×1000。比例尺：5μm。箭头代表含虫体的红细胞。）

（Yue et al., 2020）

裂殖生殖：巴贝斯虫在野生哺乳动物体内进行的无性生殖阶段。大多数巴贝斯科原虫的子孢子随蜱的唾液接种到野生动物体内后，直接进入红细胞中，以二分裂或成对出芽生殖法进行分裂生殖，当红细胞破裂后，虫体逸出并侵入新的红细胞，经过反复多次的分裂生殖后形成配子体。

配子生殖：巴贝斯虫在蜱肠管内进行的有性生殖阶段。当梨形虫配子体随蜱叮咬吸血进入蜱肠管内后，大部分虫体死亡，部分虫体形成大配子和小配子，大配子与小配子配对并融合而形成合子。球形的合子转变为长形的、能运动的动合子。

孢子生殖：巴贝斯虫在蜱唾液腺及其他器官内的无性生殖阶段。巴贝斯虫的动合子先侵入蜱的肠上皮、血淋巴细胞和马氏管等各个器官内反复进行无性分裂的孢子生殖，形成了更多的动合子。动合子侵入雌蜱卵母细胞，进入卵子后保持休眠状态，待幼蜱孵出发育时，再开始出现与成蜱体内相似的孢子生殖过程。在幼蜱叮咬吸血24h内，动合子最后进入蜱唾液腺中形成子孢子。

（四）传播方式

感染哺乳动物宿主红细胞的巴贝斯虫以二分裂的无性繁殖方式裂殖为2个或4个裂殖子。红细胞破裂后，释放出新形成的裂殖子，之后这些裂殖子进入其他红细胞再次繁殖。

而在传播媒介体体内的巴贝斯虫主要以经卵巢垂直传播和同世代水平传播2种方式进行病原传播。尽管第2种繁殖方式目前还没有研究透彻但仍可以确定其繁殖是在蜱吸入阳性血细胞后,在其肠道由裂殖生殖转为有性生殖,之后移行到蜱的组织中,尤其是卵巢,并在组织中进行繁殖。在卵巢内,巴贝斯虫虫体侵入蜱的卵中,之后在幼蜱组织中进行繁殖,在幼蜱孵化后第1次摄食时,虫体移行到幼蜱的唾液腺中并最终大量繁殖成具有感染性的子孢子,而这些子孢子利用蜱吸血时直接进入宿主的红细胞,开始另一个发育阶段。

(五)致病机理与临床特征

动物患巴贝斯虫病时,虫体代谢产物的毒素作用可引起动物出现高热;虫体繁殖过程中大量破坏红细胞导致动物出现溶血性贫血;红细胞被破坏后,血红蛋白一部分进入肝脏变成胆红素滞留于血液中而出现黄疸,另一部分血红蛋白经肾随尿排出,产生血红蛋白尿。因此,患病动物大多表现为高热、贫血、黄疸与血红蛋白尿等征候群。哺乳动物宿主的红细胞感染巴贝斯虫后,引起红细胞膜的变化,最终导致细胞膜变得脆弱。该病的主要临床症状是溶血性贫血。有些虫种还会导致血红蛋白血症、蛋白尿以及红细胞的破裂。对患兽尸体剖解后发现在其心内外膜有出血,尸体苍白有黄疸。有些动物感染巴贝斯虫后,由于脑部寄生虫体,出现神经症状。哺乳动物脑部感染巴贝斯虫后,脑部毛细血管会发生感染红细胞的融合,导致毛细血管的堵塞,引起缺氧。对于那些致病力低的巴贝斯虫或具有抵抗力的宿主感染后会出现一些亚临床症状,如发热、厌食和轻微黄疸等。与家养动物相比,即使野生动物出现高流行的巴贝斯虫,其临床症状也相对较轻。动物患巴贝斯虫以贫血、黄疸、厌食、腹泻和发热为主要特征,可造成部分动物死亡。

(六)病理解剖变化

死亡动物尸体消瘦,尸僵明显,可视黏膜苍白或黄疸,血液稀薄如水。皮下组织、肌间结缔组织和脂肪呈黄色胶样水肿状。各内脏器官均被黄疸。皱胃和肠黏膜潮红并有点状出血。脾脏肿大2~3倍,脾髓软化呈暗红色,白髓肿大呈颗粒状突出于切面,被膜上有小点出血。肝脏肿大,呈黄褐色,切面呈豆蔻状花纹,被膜上有时有少量小出血点。胆囊肿大,充满浓稠胆汁,色暗。肾脏肿大,淡红黄色,有点状出血。膀胱肿大,积存有多量红色尿液,黏膜上有点状溢血。肺脏淤血,水肿。心肌柔软,心内膜外有出血斑。

(七)诊断

根据流行病学资料、临床症状、病理剖解变化、免疫学诊断和病原学检查等进行综合诊断。临床症状是以高热、贫血、黄疸和血红蛋白尿等为特征;病理剖检变化以贫血、黄疸、尸僵明显，肝、脾、肾肿大，膀胱内充满红色尿液等为特征。病原学检查，在动物体温升高的1~2d内，采其耳静脉血作涂片，用吉氏液染色，在血涂片中查到少量圆形或变形虫样虫体；在血红蛋白尿出现期采血检查，可在血涂片中发现较多的梨形虫体，这是确诊的主要依据。

（八）治疗

应尽量做到早确诊，早治疗。除应用特效药物杀灭虫体外，还应针对病情进行强心、补液、健胃等对症治疗。常用于治疗巴贝斯虫病的特效药物有以下几种。

三氮脒（Diminazene，贝尼尔 Berenil，血虫净）：按照每千克体重3.5~3.8mg的剂量，配成5%~7%溶液，深部肌肉注射。动物可能偶尔出现起卧不安、肌肉震颤等副作用，但很快消失。

咪唑苯脲（Imidocarb，Imizo）：对各种巴贝斯虫均有较好的治疗效果。治疗剂量为每千克体重1~3mg，配成10%溶液肌肉注射。该药安全性较好，增大剂量至每千克体重8mg，动物仅出现一过性的呼吸困难、流涎、肌肉颤抖、腹痛和排出稀粪等副反应，经约30min后消失。

黄色素（锥黄素，吖啶黄，Acriflavine）：按照每千克体重3~4mg的剂量，配成0.5%~1%溶液静脉注射症状未减轻时，24h后再注射1次，动物在注射后的数日内，避免烈日照射。

喹啉脲（Quinuronium，阿卡普林，Acaprin）：按照每千克体重0.6~1mg的剂量，配成5%溶液皮下注射。有时注射后数分钟出现起卧不安、肌肉震颤、流涎、出汗、呼吸困难等副作用，一般于1~4h后自行消失，严重者可皮下注射阿托品进行解救，成体大熊猫使用剂量为1~3mg，幼体大熊猫使用剂量为0.5mg。需注意的是妊娠期动物使用此药物后可能出现流产。

采取群体治疗方案，首先对病兽用盐酸咪唑苯脲治疗，按照每千克体重3mg的剂量，进行皮下注射，连用3次，每次间隔10~12h。同时在饲料中添加维生素C和电解多维等，并对动物进行灭蜱处理。灭蜱可选用伊维菌素按照每千克体重0.2mg的剂量，皮下注射，隔7d重复注射1次。

（九）预防

杜绝传染源，切断传播途径（灭蜱），保护易感动物。杀灭传播媒介——蜱，在流行地区可根据蜱的活动规律，采用杀蜱药物杀灭动物笼或圈舍内的蜱。

第三章 贾第鞭毛虫病

大熊猫贾第鞭毛虫病（giardiasis）是由动鞭毛虫纲（Zoomastigina）双滴虫目（Diplomonadida）六鞭虫科（Hexamitidae）贾第鞭毛虫属（*Giardia*）的蓝氏贾第鞭毛虫（*Giardia lamblia*，也称 *G. intestinalis* 或 *G. duodenalis*，简称蓝氏贾第虫）所引起的一种原虫病。贾第鞭毛虫是一种机会性致病肠道寄生原虫，一种全球性的引起人和多种野生动物及家养动物腹泻的常见病原体，可引起长期性腹泻、腹痛和吸收障碍等。该虫种具有广泛的地理分布和多种动物宿主，在发达国家和发展中国家均广泛流行，可引起地方性流行或暴发流行，尤其是在旅游者中感染最为常见，故有"旅游者腹泻"之称。近年来，由于在艾滋病患者中发现常伴有蓝氏贾第虫的合并感染，并且蓝氏贾第虫在同性恋人群中也可相互传播，蓝氏贾第虫感染的严重性和危害性日益受到重视，国际上已将蓝氏贾第虫病列入人兽共患寄生虫病。

（一）病原

贾第鞭毛虫属是最原始的真核生物之一，可能约在22亿年前已与其他种类的真核生物发生了分歧进化，因而保留了最原始真核生物的特征，同时又具有原核生物的某些特征，即具有明显的2个细胞核和核膜，细胞骨架及内膜系统，多鞭毛。其原始特性主要表现为缺少其他真核生物普遍存在的细胞结构，如核仁、线粒体、高尔基体、内质网和过氧化物酶体等。

其生活史简单，包括滋养体和包囊两个时期。

滋养体：蓝氏贾第鞭毛虫呈倒置的似切半梨形，前端钝圆，后端渐尖细，背面隆起，凹凸不平，腹面扁平，大小为（12.0~15.0）μm×（6.0~8.0）μm。体前腹面凹陷形成吸盘，边缘为崤部，虫体周缘有周翼。用暗视野镜检可观察到4对鞭毛，前侧、腹侧、后侧和尾各1对鞭毛，虫体以鞭毛摆动不断翻滚运动。吸盘为一不对称的圆盘，由呈顺时针旋转的微管组成，并在崤部重叠形成上叶、下叶。借此吸附于肠黏膜上，靠渗透作用摄取营养。吸盘背侧有2个左右对称的细胞核，核间可见轴索。胞质内可见许多空泡、纤维物质和中体（又名中间体或副基体，呈逗点状或半月形）。在扫描电镜下观察，可见虫体背部隆起，表面呈橘皮样凹凸不平。吸盘位于腹面前端，由单层微管组成，为1个不对称的螺旋形结构，从中心区开始呈顺时针环绕。虫体周围的外质向外突出并向腹面卷曲，为伪足样周翼，与吸盘侧嵴形成较深的腹侧边缘沟，虫体背面细胞质边缘间有较浅的背侧边缘沟。伪足样周翼在吸盘后缘向腹面包绕形成腹沟。前侧鞭毛和后侧鞭毛从背侧边缘沟伸出体外，腹鞭毛从腹沟伸出体外，后鞭毛行经腹沟向后延伸至体外（杜之鸣等，1985）。透射电镜观察显示，可见腹面2/3处形成吸盘，分为2叶，2叶间有腹沟，吸盘外侧嵴与虫体腹侧嵴之间为缘沟。2个核分别位于2叶吸盘的背侧，虫体表面膜下有许多小空泡，基体为8个，分成2组，每组形成1个动基复合体，位于2核间总轴的两旁。鞭毛源自基体，其结构系由9对周围微管和2根中央微管组成，外包鞘膜。1对微管状结构的中体位于吸盘后端的背侧，无膜包绕。

包囊：见图3-3-1，光镜下包囊呈卵圆形，大小均匀、折光性较强。经卢戈氏碘液着色后，呈棕黄色、可见囊内虫体的部分结构。采用绍丁氏液固定、铁苏木素染色后，油镜下呈椭圆形，大小为（10.00~11.50）μm×（5.00~7.00）μm。囊内虫体呈长椭圆形，左右对称，大小为（8.50~10.50）μm×（4.00~5.00）μm；内含胞核，未成熟包囊有2个核，成熟包囊具有4个核，圆形或椭圆形，泡状，多偏于一端，核仁着色较深；轴柱1对，在其中部有1对呈左右弧形分布的中体；在轴柱两侧可见成束的纤丝。在电镜下观察，蓝氏贾第虫包囊的囊壁表面呈橘皮样，有细纹理。囊壁较厚，由10层膜结构组成。壁与虫体之间为鞭毛结构。核位于虫体的一端。胞质内可见分散的微管带复合物，此即为吸盘碎片。呈柱状的基体位于两核前极之间，接近中线。两核间的原纤维物质伴随微管带接近尾鞭毛和后侧鞭毛的轴丝，此结构可能是在光镜下所见的轴柱，其功能可能在鞭毛摆动时与微管带起协同作用。直接免疫荧光检测，经荧光显微镜扫描后发现多个卵圆形、着色明显的荧光色卵囊（图3-3-2）。

图 3-3-1　蓝氏贾第虫包囊
（杨光友和张志和，2013）

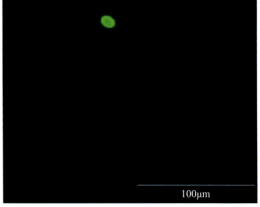

图 3-3-2　大熊猫十二指肠蓝氏贾第虫包囊
（田一男，2018）

（二）生活史

滋养体主要寄生于人和某些动物的十二指肠或上段小肠，以十二指肠隐窝为主。在外界环境不利的条件下（如回肠或结肠腔内），滋养体分泌囊壁形成包囊排出体外。一般在成形、硬度正常的粪便中只能找到包囊，在腹泻时多能找到滋养体。当宿主误食被蓝氏贾第虫包囊污染的水或食物后，会引起感染。当包囊受到胃中的酸性环境刺激后，虫体能在小肠上段破囊逸出，分裂形成2个滋养体，滋养体在小肠内不断繁殖。大量的滋养体吸附在小肠黏膜上，造成对肠壁的刺激和肠功能紊乱，肠蠕动亢进引起症状。当滋养体随流质往下移动，所遇环境发生改变时，即暴露于胆汁时，形成包囊排出体外。当包囊感染一个新的宿主后，即完成了一个传播循环。

蓝氏贾第虫以纵二分裂方式进行繁殖，细胞分裂呈半开放式。在细胞分裂过程中，核膜始终保持完整，加之核的体积十分微小（直径约 $0.5\mu m$），细胞分裂速度较快。蓝氏贾第虫滋养体用以吸盘为平面的一种镜像对称的纵分裂方式进行分裂繁殖。有人运用扫描电镜技术观察到蓝氏贾第虫的"腹对腹""背对背"和"腹对背"3种纵分裂方式。呈典型二分裂的虫体形态特点：2个子体细胞呈镜像对称，胞质互相融合。分裂后的每个子体细胞具有4对鞭毛、1个轴柱、1个吸盘和2个细胞核等，形态完整，有或无中体。呈非典型二分裂的虫体形态特点：虫体虽也进行二分裂繁殖，但分裂后的2个子体细胞的相对位置呈非镜像对称。此种分裂方式有4种情况：2个子体细胞尾部分开，吸盘部重叠；2个子体细胞的尾部在两端，吸盘部相连；2个子体细胞的吸盘部在两端；1个子体细胞的吸盘部与另一个子体细胞的尾部重叠。

（三）流行特征

有文献曾报道，大熊猫栖息地之一的碧峰峡野生动物园中的圈养非人灵长类感染十二指肠蓝氏贾第虫，说明在圈养大熊猫的生活环境附近，已经存在感染十二指肠蓝氏贾第虫的动物，随着动物园内人员流动或者饮用水、食品来源、食品储存场所的重叠，大熊猫也会受到十二指肠蓝氏贾第虫的威胁。被十二指肠蓝氏贾第虫包囊污染的食物和水是传播蓝氏贾第虫的绝佳媒介，除此以外，十二指肠蓝氏贾第虫还能够通过"人—动物"和"动物—动物"之间直接接触的途径进行传播，因此，这种威胁往往是针对整个繁育区域的大熊猫群体，甚至包括其中的繁育人员、科研人员和游客。田一男于2018年首次在大熊猫中发现十二指肠蓝氏贾第虫感染。

蓝氏贾第虫病呈世界性分布，中国、柬埔寨、印度、日本、马来西亚、菲律宾、西班牙、意大利、埃塞俄比亚、澳大利亚、美国、加拿大和墨西哥等均有报道，多见于温带和热带地区，但与地区性的经济条件和卫生状况关系更为密切。经济条件落后、卫生状况差、缺乏饮水的地区发病率高。

包囊抵抗力极强，包囊在冰水里能生存数月；在8℃的水中能存活2个月。在0.5%的氯化消毒水中能存活2~3d；在粪便中包囊的活力可保持在10d以上，但在50℃或干燥的环境中很容易死亡。从粪便中排出包囊的人和动物为蓝氏贾第虫病传染源。

（四）致病机制

蓝氏贾第虫的致病机制虽不完全清楚，但研究已表明，滋养体表达的表面蛋白与虫体的致病力有一定关系。虫体吸盘的机械性吸附作用损伤肠黏膜；虫体的机械性阻隔、营养竞争、细菌的协同作用等都是虫体致病的主要原因。

（五）临床症状

不同种类的动物感染蓝氏贾第虫后，其临床表现可有很大差异，从无症状或轻度症状直至严重腹泻，其原因与感染蓝氏贾第虫虫株的毒力、摄入包囊的数量、宿主年龄以及感染时的免疫状态有关。

（六）诊断

粪便直接涂片镜检法：本法仍是临床上实验室诊断蓝氏贾第虫病的首选方法。根据粪检，虫体染色可进行初步鉴定，活动虫体及倒置梨形物为其滋养体，椭圆形物为其包囊。粪检包囊的漏检率可高达30.0%~50.0%。

免疫学诊断方法：目前报道有酶联免疫吸附试验、间接荧光抗体试验、对流免疫电泳和斑点免疫结合试验。

酶联免疫吸附试验：卢思奇等（1984）用纯培养的滋养体制备可溶性抗原，采用本法对有症状的贾第虫感染者检测的抗体阳性率为75.0%左右，并将之用于血清流行病学调查研究。

间接荧光抗体试验：祝虹等（1989）以国内自建的纯培养滋养体为抗原，对无症状感染者和有临床症状者同时进行了检测，其结果表明，前者的阳性率为71.4%，后者的阳性率为81.3%。

对流免疫电泳：卢思奇和王正仪（1987）用超声粉碎的纯培养滋养体制备的抗原免疫家兔，获得高效价抗血清。用本法对感染者粪便标本内抗原的检测结果表明，33例中有94.4%显示阳性，正常人和其他64例由不同原因引起腹泻患者的粪便标本均为阴性。用本法可对现症患者做诊断及疗效评估，并可用于流行病学调查研究。

斑点免疫结合试验：贾克东和朱育光（1994）应用蔗糖密度梯度离心技术，从受染者粪便中分离纯化贾第虫包囊，用其免疫家兔获得抗血清，并用大肠杆菌进行吸收。用斑点免疫结合试验对受试者粪便标本的检测结果表明，39例贾第虫感染者中有36例出现阳性斑点，阳性率高达92.3%。

免疫学诊断具有较高的敏感性和特异性，不仅对确认贾第虫的感染非常有用，而且为病原学检查提供了很好的补充。免疫学检测对贾第鞭毛虫病的诊断具有广阔的应用前景。

IFAT灵敏度高且操作简单，可用于特异性抗原的检查与定位。

直接荧光抗体试验（DFA）可以检测到在不同环境中保存的粪样中的贾第虫包囊，特别是用于检查长期保存的粪样中且已发生形状改变的包囊。

ELISA法适于贾第鞭毛虫病的辅助诊断、流行病学调查、疗效评估防治结果的检测。多种商品化试剂盒可快速、便捷地检测贾第鞭毛虫感染。

DNA探针：卢思奇等（1994）用生物素标记贾第虫滋养体全基因组DNA制成探针。杂交结果显示，该探针具有较高的敏感性，可检测出10ng贾第虫DNA，104个滋养体或包囊。其特异性也很强，不与阴道毛滴虫、溶组织内阿米巴、弓形虫、BALB/c小鼠肝细胞DNA以及贾第鞭毛虫病患者粪便上清液发生交叉反应。

（七）治疗

目前治疗贾第鞭毛虫病的药物有3类，即硝基咪唑类、盐酸咪帕林和呋喃唑酮。临床常用的抗贾第鞭毛虫病首选药物为甲硝唑。阿苯达唑、替硝唑（Tinidazole）、甲苯达唑（Mebendazole）和呋喃苏利多因（Furazolitone）等，其疗效无显著性差异。

甲硝唑：按照每千克体重10~15mg的剂量，3次/d，5~7d为一疗程。

替硝唑：按照每千克体重50~60mg的剂量，1次/d，3~5d为一疗程。

甲硝唑、替硝唑这两种药物喂服效果较好，但药味苦，灵长类动物不易下服，多采用静脉注射，效果良好。甲硝唑和磺甲硝咪唑（*Sulfonylurea metronidazole*）只需一次剂量，但阿苯达唑需多倍剂量。为防止继发性或并发性感染应佐以其他抗菌药物。

（八）预防

保持环境、食物和饮用水的卫生是关键。在美国，犬、猫接种滋养体提取物的商业疫苗后能产生保护作用。

第四章　肝簇虫病

大熊猫肝簇虫病为真球虫目（Eucoccidiorida）血簇虫科（Haemogregarinidae）肝簇虫属（*Hepatozoon*）的原虫寄生于大熊猫体内引起的一种原虫病。本病的传播媒介为昆虫类（如蚊等）。

（一）病原

肝簇虫是一种顶端复杂的血液寄生虫，能够感染全球范围内广泛的脊椎动物分类群，包括犬科动物、熊科动物、猫科动物和许多其他动物（Andreét et al., 2010 年；East et al., 2008 年；Kubo et al., 2006 年、2008 年、2010 年；Pawar et al., 2011 年、2012 年）。虫体腊肠形，外有较厚的染成红色的囊包绕，核圆锥形，核质密集。胞质浅蓝色，均一，没有空泡和色素点。

已报道的肝簇虫种类有犬肝簇虫（*Hepatozoon canis*）、鼠肝簇虫（*H. muris*）和恶性肝簇虫（*H. perniciosum*）等。

目前，肝簇虫属原虫的分类尚存在争论，有学者认为一种肝簇虫只能感染一种动物，但也有学者认为感染野生猫科动物和其他肉食兽的肝簇虫都是犬肝簇虫。本虫配子体多数出现在外周血的细胞中，主要寄生在中性粒细胞或单核细胞的胞质中，配子体偶尔也可游离在细胞间隙内。虫体为长椭圆形，两端圆钝或一端略尖，有的中部略向一侧弯曲呈肾形或腊肠形，长短差异较大，长者 17~20μm，短者 5~7μm，宽 3μm 左右。虫体外面有一薄膜包裹，虫体中央或略偏向一端有较大的分离态的核，有时核间存有一较明显的空隙。在新鲜的血标本中，虫体无色透明，膜清晰可见。在吉氏染色片中，胞质呈浅蓝色，核呈蓝紫色。外周血中有时也可见滋养体，其虫体比配子体短，而核区范围比配子体大、比配子体疏松。骨髓涂片中的虫体多为宽椭圆形或肾形，核比较疏散；肝、脾等涂片中的虫体多为细长的纺锤形，大小为（11~19）μm×（1~1.7）μm。

（二）生活史

肝簇虫生活史具有无性和有性繁殖 2 种方式。无性的裂体生殖和有性配子生殖在脊椎动物宿主体内完成，有性的孢子生殖在无脊椎动物宿主（如蜱等）体内完成。传播媒介（蜱）在吸血时吞食了单核细胞和嗜中性粒细胞内的肝簇虫配子体，然后在蜱的肠道发生配子生殖，其动合子钻入蜱的肠壁。孢子生殖在蜱的血腔内进行。形成的卵囊由多个孢子囊组成，每个卵囊内有12~24个子孢子。子孢子不能迁移到蜱的唾液腺内，因此，犬感染必须要吞下整个蜱。蜱被消化后，子孢子逸出，钻入犬的小肠壁，经血液或者淋巴液到达肝脏、脾脏、肺脏、骨髓或者肌肉的单核吞噬细胞或者内皮细胞，进行裂殖生殖。在许多器官内均可找到裂殖体，以肺脏、心肌、骨骼肌中最多，其次是肝脏、脾脏和淋巴结。裂殖体可分为大裂殖体和小裂殖体两类。裂殖体周围有一层厚厚的壁，形成一个包囊，内有裂殖子。可见大裂殖体产生几个大裂殖子，然后再发育成为裂殖体；而小裂殖体则产生大量的小裂殖子，发育为配子体。

（三）流行病学

肝簇虫不具有宿主特异性，它可以通过传播媒介蚊、螨、蝇和蜱从一种爬行动物传播给另一种动物。此外，在啮齿类动物、有袋类动物和食虫目动物中也有本虫感染的报道。宿主有2种类型：一种是捕食宿主，肝簇虫在其体内形成裂殖体、配子体和包囊；另一种是被捕食宿主，肝簇虫在其体内只能形成包囊。当子孢子进入捕食宿主体后，很快就形成裂殖体，裂殖体产生配子体。配子体可以感染节肢动物，或者形成包囊，包囊被其他动物吞食后，可以继续发育。被捕食宿主体内形成的包囊不能感染节肢动物，但它们是捕食动物的感染来源。传播媒介在传播肝簇虫过程中起主要作用，一个宿主体上的传播媒介若被另一个宿主吞食，后者就会被肝簇虫感染。

主要传播媒介为血红扇头蜱，斑点花蜱、长角血蜱、褐黄血蜱和变异革蜱也可作为传播媒介。

发病季节：主要是在蜱活动的温暖季节，这可能和传播媒介（蜱）的活动节律有关。

感染途径：除了吞食含病原的传播媒介外，还可能经垂直传播而受感染。

Jennifer H. Yu 等于2019年首次报道了大熊猫肝簇虫病。

（四）致病机理

肝簇虫病的发病机理很复杂，除虫体的作用以外，还有许多诱发因素。有的地区正常动物的白细胞内仍可能存在犬肝簇虫。动物处于免疫抑制或感染犬瘟热、细小病毒病、马形虫病、利什曼原虫和梨形虫病等疾病时就容易导致本病的发生。幼龄动物易感染与发病。虫体在宿主体内的发育过程还不清楚。在感染后2个月出现成熟的裂殖体，多个器官出现淀粉样变，严重病例可见到血管炎、肾小球肾炎。犬肝簇虫能刺激机体产生抗体，但抗体缺乏保护性，形成的免疫复合物导致产生病理性免疫反应。

（五）临床症状

发病动物主要表现为发热、厌食、消瘦、肌疼、后肢无力、步态异常、黏膜苍白和鼻出血等倾向，少数动物会出现排血性粪便，严重时可出现斜卧、昏睡等症状。

（六）病理变化

常见贫血、肝脏明显肿大。重度感染时，肝脏实质细胞严重破坏，脾脏和淋巴结肿大、肺充血、多发性关节炎、胃黏膜充血及苍白肾。整个心肌、骨骼肌、肠道平滑肌、肝、胰、肺、肾、舌、淋巴结等处可见直径1~2mm的化脓性肉芽肿。肌肉的萎缩在颞部特别明显。肝簇虫病引起淀粉样病变、产生免疫复合物、出现并发症和渐进性衰竭使动物陷入恶病质而死亡。血液学检查主要是血红蛋白和红细胞容积降低，白细胞总数和中性粒细胞及嗜酸性粒细胞增多，有的病例有单核细胞或白细胞增多症。

（七）诊断

肝簇虫病中白细胞上升是自然感染病例的典型表现。本虫配子体出现在外周血中，主要寄生在中性粒细胞或单核细胞的胞质中，其形态特殊，是诊断本病的主要依据。用吉氏染色的血片，可见中性粒细胞和单核细胞中的配子体染成冰蓝色。在配子体很少的情况下血清学试验（如间接血凝试验）对诊断和流行病学调查会更有价值。目前，PCR诊断方法已应用于本病的诊断。

（八）治疗

一些抗原虫药对肝簇虫病有效，但不能完全治愈。治疗多采用四环素或氯霉素，可消除临床症状和配子体血症。

四环素（Tetracycline）：按照每千克体重22mg的剂量，喂服，3次/d，连续14d。

二丙酸咪唑苯脲：按照每千克体重1~3mg的剂量，配成10%溶液，肌肉注射，可以清除血液中的虫体，但疗效不稳定。可用四环素联合伯氨喹（Primaquine，PMQ）、四环素联合咪唑苯脲进行治疗。

抗球虫药（妥曲珠利Toltrazuil）：按照每千克体重5mg的剂量，连续喂服5d，效果良好，但是仍会复发，也不能清除肌肉里的包囊。

此外，氯林可霉素与增效磺胺或者乙胺嘧啶联合使用也有良效，但仍会复发。

发病期间，使用非类固醇药物是缓解症状最有效的方法，如阿司匹林、保泰松和氟胺烟酸都能减轻临床症状。但不能长期使用，长期使用反而会加重疾病。

（九）预防

引进动物时应加强检疫，控制传播媒介（蜱）的孳生是防止该病蔓延的重要措施。房屋、兽舍和周围环境应该经常喷洒一些药物，定期用药杀死动物体上的蜱。

第五章 住肉孢子虫病

大熊猫住肉孢子虫病（sarcocystosis）是由真球虫目（Eucoccidiorida）肉孢子虫科（Sarcocystidae）住肉孢子虫属（*Sarcocystis*）未定种住肉孢子虫（*Sarcocystis* spp.）寄生于大熊猫的肌肉内引起的一种原虫病。

（一）病原

住肉孢子虫在不同发育阶段有不同的虫体形态，主要有包囊、裂殖体、配子体和卵囊等。包囊寄生于中间宿主的肌肉中，对终末宿主具有感染性。卵囊在终末宿主的肠道细胞内形成，孢子化后随粪便排出体外，对中间宿主具有感染性。

包囊：又称米氏囊，寄生在动物的肌肉（骨骼肌、心肌）中，多呈纺锤形、圆柱形或卵圆形，色灰白或乳白，小的肉眼难于看到，大的可长达数厘米。囊壁由2层组成，内壁向囊内延伸，构成很多中隔，将囊腔分为若干小室。发育成熟的包囊，小室中藏着许多肾形或香蕉形的慢殖子（滋养体），又称为南雷氏小体，长10~12μm，宽为4~9μm，一端稍尖，一端稍钝。

卵囊：见图3-5-1，呈卵圆形或亚球形，均含有2个卵圆形的孢子囊，每个孢子囊含有4个香蕉形的子孢子和1团分散状的残余体。卵囊壁很薄，易破裂，因此从粪便中检测到的多半是孢子囊。

（二）生活史

住肉孢子虫是专性异宿主性寄生虫，即需在中间宿主和终末宿主体内发育，才得以完成其生活史。中间宿主是草食动物和杂食动物，包括禽类、啮齿类和爬行类等，大熊猫作为其中间宿主；终末宿主是肉食动物（猫、犬、狼、狐等）和人。终末宿主吞食了中间宿主的包囊之后，囊壁被消化，慢殖子逸出，钻入小肠黏膜的固有层，直接发育为大配子体和小配子体，无裂殖生殖阶段。小配子体又形成许多小配子，然后大配子、小配子结合为合子，最后形成卵囊，卵囊在肠壁上完成孢子化。卵囊壁薄而脆弱，常在肠内自行破裂。因此，在粪便中常见的虫体为含子孢子的孢子囊。孢子囊被中间宿主吞食后，子孢子经血液循环到达各脏器，在血管内皮细胞中进行裂殖生殖，产生裂殖子，通常进行两代裂殖生殖，然后裂殖子进入肌细胞发育为包囊，再经一个月或数个月发育成熟。中间宿主吃到包囊，或终末宿主吃到孢子囊均不能感染。中间宿主体内的裂殖子可经血液实验性感染受体动物，也可经胎盘自然传染给幼龄动物。

（三）流行病学

终末宿主粪便中的卵囊和孢子囊是造成动物肉孢子虫病的感染来源。终末宿主粪便中的孢子囊可通过鸟类、蝇和食粪甲虫而散播；孢子囊对外界环境的抵抗力强，终末宿主又可较长期排出孢子囊并且由于不产生免疫力，可以多次重复感染，造成环境广泛被污染；又因中间宿主和终末宿主生活在同一环境中，接触频繁，所以肉孢子虫在家养动物中感染十分普遍。杨光友（1998）以及张华（2010）等在文献中报道在解剖成都动物园一大熊猫尸体时发现住肉孢子虫。

（四）临床症状与病理变化

多数住肉孢子虫无明显致病性。患慢性住肉孢子虫病时，患病动物主要表现为采食量下降，消瘦，贫血，被毛枯干和生产性能下降；心包、胸腔与腹腔有较多的积液；肠系膜淋巴结水肿、坏死；脂肪组织，特别是心冠、肾门和肾盂部脂肪萎缩、胶冻样病变，肌肉、脑及各脏器官组织大量点状出血；血液稀薄。感染后期，心、舌和食道等肌肉组织可出现特征性肉芽肿为绿色小结节，有时心肌出现灰白色病灶。

（五）诊断

生前诊断：主要采用血清学方法，目前建立的方法有间接血凝，酶联免疫吸附试验、间接荧光抗体试验、免疫组织化学和琼脂扩散试验等，大多是以包囊或纯化的缓殖子作抗原，检测动物血清的特异性抗体，一般在感染4~5周可测到特异性的IgG，此方法比较适用于慢性住肉孢子虫病的诊断，而不适用于急性住肉孢子虫的早期诊断。较先进的方法是采用酶联双抗夹心法（DAS ELISA）检测感染动物血清中的循环抗原，分别在人工感染后的第3天、第4天和第7天就检测到循环抗原，其反应效价的峰值与住肉孢子虫的无性生殖世代周期相对应。

死后诊断：可根据在肌肉组织中发现的包囊而确诊。肉眼可见与肌纤维平行的白色带状包囊。制作涂片时可取病变肌肉压碎，在显微镜下检查香蕉状的慢殖子，也可用吉姆萨染色法染色后观察。做组织切片时，可见到住肉孢子虫囊壁上有辐射状棘突，包囊中有中隔，小室内有慢殖子。

（六）防治

目前，尚无特效的药物。莫能菌素（Monensin）和拉沙菌素（Lasalocid）预防给药，具有减轻接种动物急性住肉孢子虫病所引起的病理损伤，减少死亡，但不能阻止肌肉中包囊形成的治疗效果。禁止狗、猫及其他肉食动物接近圈养野生动物，避免其粪便污染饲养场、草料和水源。同时，还应及时埋葬或焚毁废弃的动物尸体，禁止用生肉或其内脏喂狗、猫等动物。

第六章 大熊猫刚地弓形虫病

大熊猫刚地弓形虫病为球虫纲（Coccidia）真球虫目（Eucoccidiorida）肉孢子虫科（Sarcocystidae）弓形虫属（*Toxoplasma*）的刚地弓形虫（*Toxoplasma gondii*）寄生于大熊猫体内所引起的一种原虫病。此病是人兽共患病，人和 200 多种动物都可感染。猫是终末宿主，人、畜、禽及其他野生动物均为中间宿主。世界各地人和动物感染的弓形虫只有一个种，但在不同地域、不同宿主的分离株的致病性与基因型有所不同。

弓形虫病对人畜的危害很大。弓形虫除可引起动物急性发病与死亡外，还常常表现为慢性或隐性感染，引起动物的生长发育受阻，动物出现消瘦、贫血、体况及抗病力下降，易于继发其他疾病，在临床上常易出现误诊，造成较大的经济损失。同时，弓形虫常侵害动物的生殖器官，并可经胎盘垂直传播，从而引起动物不育不孕或出现流产、死胎与畸胎等。动物感染很普遍，多数呈隐性感染。2008 年我国修订的《一、二、三类动物疫病病种名录》将其列为二类动物疫病。

孕妇感染弓形虫后导致早产、流产、胎儿发育畸形，本虫种是引起免疫功能低下患者（如艾滋病病人等）死亡的主要原因之一。

（一）病原

弓形虫在不同发育阶段有不同的形态，主要有滋养体、包囊、裂殖体、配子体和卵囊。滋养体和包囊见于中间宿主和终末宿主的肠道外的组织细胞内，但裂殖体、配子体和卵囊只寄生于终末宿主肠道的上皮细胞内。滋养体、包囊和卵囊对中间宿主和终末宿主均具有感染性。

（1）滋养体

滋养体又称速殖子，主要发现在急性病例或感染早期动物的腹水和有核细胞的细胞质里。虫体形态见图 3-6-1，呈弓形、月牙形或香蕉形，一端偏尖，另一端偏钝圆，大小为（4~7）μm×（2~4）μm。经吉姆萨染色或瑞氏液染色后，细胞质呈淡蓝色，有颗粒。核呈紫红色，偏于钝圆的一端。速殖子主要出现于急性病例的腹水中，常可见到游离的（细胞外的）单个虫体；在有核细胞（单核细胞、内皮细胞、淋巴细胞等）内可见到正在进行内出芽增殖的虫体；有时在宿主细胞的细胞质里，许多滋养体簇集在一起形成"假囊"。

（2）包囊

包囊或称组织囊常发现在慢性病例或无症状病例的脑、骨骼肌、心、肺、肝、肾等

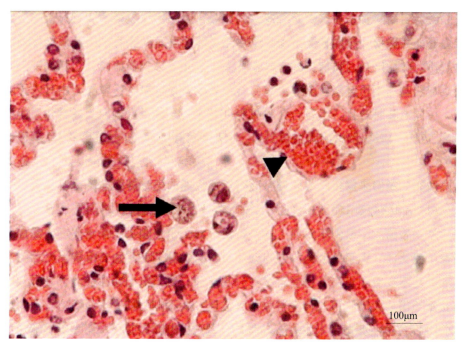

图 3-6-1 肺泡中有许多含有弓形虫速殖子（长箭头），肺泡壁中有扩张的毛细血管（短箭头）（大熊猫肺脏，苏木精－伊红染色。）（Ma et al., 2015）

组织内。包囊呈卵圆形或椭圆形，有较厚的富有弹性的坚韧囊膜，囊中的虫体称为慢殖子或缓殖子，数目可由数十个至数千个，其形态与速殖子相似，但虫体较小，核稍偏后。包囊的直径为 50~60μm，可在患病动物体内长期存在，并随虫体的繁殖而逐渐增大，可大至 100μm。包囊在某些情况下可破裂，虫体从包囊中逸出后进入新的细胞内繁殖，再度形成新的包囊。在机体内脑组织的包囊数可占包囊总数的 57.8%~86.4%。

（3）裂殖体

裂殖体寄生于猫的肠上皮细胞中。成熟的裂殖体呈圆形，直径为 12~15μm，内有 4~20 个裂殖子。游离的裂殖子大小为（7~10）μm×（2.5~3.5）μm，前端尖，后端圆，核呈卵圆形，常位于后端。

（4）配子体

寄生于猫的肠上皮细胞中。经过数代裂殖生殖后的裂殖子进入另一细胞内变为配子体。配子体有大小两种，大配子体的核致密，较小，含有着色明显的颗粒；小配子体色淡，核疏松，后期分裂形成许多小配子，每个小配子有 1 对鞭毛。大小配子结合形成合子，由合子形成卵囊。

（5）卵囊

在猫的肠道上皮细胞中形成，细胞破裂后随猫粪便排出。卵囊呈椭圆形，大小为

（11~14）μm×（7~11）μm。孢子化后每个卵囊内有2个孢子囊，大小为3~7μm，每个孢子囊内有4个子孢子。子孢子一端尖，一端钝，其细胞质内含暗蓝色的核，靠近钝端。卵囊无微孔、极粒、斯氏体和外残体，有内残体。卵囊见于猫科动物（家猫、野猫及某些野生猫科动物）粪便中。卵囊抵抗力很强，在环境中1年或更长时间仍具感染性。

（二）生活史

弓形虫的全部发育过程需要2个宿主，在中间宿主（哺乳类、鸟类等）体内进行肠外期发育，在终末宿主（猫科动物）的肠道上皮细胞内进行球虫型发育。

（1）在中间宿主体内的发育

中间宿主（包括人和多种动物）食入或饮入污染有孢子化卵囊或包囊的食物和水，或滋养体通过口、鼻、咽、呼吸道黏膜和皮肤伤口侵入中间宿主体内后，子孢子、速殖子和慢殖子侵入肠壁，再经淋巴血液循环扩散至全身各组织器官，侵入有核细胞，在细胞质中以内出芽或二分裂的方式进行繁殖。如果感染的虫株毒力很强，而且宿主又未能产生足够的免疫力，或者还有其他因素的作用，即可引起弓形虫病的急性发作；反之，如果虫株的毒力弱，宿主又能很快产生免疫力，则弓形虫的繁殖受阻，疾病发作较缓慢，或者成为无症状的隐性感染，这时，存留的虫体就会在中间宿主的一些脏器组织（尤其是脑组织）中形成囊壁而成为包囊型虫体。当机体免疫功能低下时，组织内的包囊可破裂，释出慢殖子，进入血液和其他新的组织细胞形成包囊或假包囊继续发育繁殖。包囊有较强的抵抗力，能存活数月至数年甚至更长时间。

（2）在终末宿主体内发育

猫吞食了弓形虫的包囊、假包囊或卵囊后，大部分子孢子、速殖子或慢殖子侵入小肠的上皮细胞，进行球虫型的发育和繁殖，经裂殖生殖和配子生殖最后产生卵囊。卵囊随猫的粪便排到外界，在适宜的环境条件下，经2~4d，经孢子生殖发育为感染性卵囊。也有一部分子孢子、速殖子或慢殖子侵入肠壁，进入淋巴、血液循环，随之被带到全身各脏器和组织，侵入有核细胞内进行等同于中间宿主体内的无性增殖（又称弓形虫型增殖），最后形成包囊。因此，猫科动物是弓形虫的终末宿主，同时也是中间宿主。通常猫吞食包囊后4~10d就能排出卵囊，而吞食假包囊或卵囊后约需20d以上排出卵囊。受感染的猫一般每天排出约1000万个卵囊，排卵囊时间可持续10~20d。

（三）流行病学

（1）本病宿主分布于全世界，中间宿主广泛，包括陆生动物、水生动物。病原学证实，可以感染弓形虫的哺乳动物至少有200种。

钟志军等（2014）报道了成都大熊猫繁育研究基地一只大熊猫存在弓形虫感染情况，马宏宇等（2015）报道了一例发生在郑州动物园的大熊猫急性致死性弓形虫感染病例。

（2）传染源

患弓形虫病的动物是最重要的传染源，绵羊、山羊、马和人类感染后，组织中的包囊将伴其终生。患病动物和带虫动物，其血液、肌肉、乳汁、内脏以及其他分泌液中都可能有弓形虫，都是其他动物的传染源。在流产胎儿体内、胎盘和羊水中均有大量的弓形虫，如果外界条件有利于其存在，就可能成为传染源。几乎所有温血动物都可能成为人感染弓形虫的来源。

猫科动物感染弓形虫后，可在猫粪中排出卵囊。卵囊污染饲料、饮水或食具均可成为人、动物感染的重要来源。感染弓形虫的家猫在相当长的一段时间内从粪便中排出卵囊，卵囊污染环境并很快发育成熟，对人和中间宿主都具有感染性。

（3）流行因素

造成广泛流行的原因很多：弓形虫生活史各阶段皆有感染性；感染方式多样，除经口和损伤的皮肤、黏膜感染外，还可经胎盘感染；除终末宿主与中间宿主互相交替进行感染传播外，也可在中间宿主之间、终末宿主之间相互传播。

包囊可长期生存在中间宿主组织内；卵囊排放量大，且对环境抵抗力也较大，对酸、碱、消毒剂均有相当强的抵抗力，室温下可生存3~18个月，在自然界常温常湿条件下可存活1~1.5年，这也是家猫在本病的传播上起着重要作用的原因。

（4）流行特点

动物感染很普遍，但多数为隐性感染。食肉的哺乳动物主要是吃到另一动物体内的虫体而感染。草食动物主要是吃到被卵囊污染的饲料和饮水及含虫的生肉屑（如泔水等）而感染。猪则两类感染方式兼有。猪、牛、羊等哺乳动物及人均可发生胎内感染。在畜禽中，猪对弓形虫最敏感，从哺乳仔猪到成年母猪均可感染发病，但对哺乳仔猪、生长发育猪和怀孕母猪危害最严重。一般说来，弓形虫病的流行无严格的季节性。

（四）临床症状及病理变化

大熊猫感染弓形虫后食欲降低，头部埋于腹部，出现呼吸困难。死后尸检发现严重的病理病变，局限于胃肠道和肺部。胃肠道中几乎没有摄入物，多灶性黏膜出血，十二指肠中含有干燥、坚硬的食糜。肺充血，食糜阻塞呼吸道。组织学上，在肺泡中看到含有弓形虫速殖子的巨噬细胞。其他病变包括肠固有层和黏膜下层充血、胃上皮坏死和脱落。

弓形虫急性感染病例出现全身性病变，淋巴结、肝、肺和心脏等器官肿大，并有许多出血点和坏死灶。肠道重度充血，肠黏膜上可见扁豆粒大小的坏死灶。肠腔和腹腔内有大量渗出物。病理组织学变化为网状内皮细胞和血管结缔组织细胞坏死，有时有炎性细胞的浸润，弓形虫的滋养体位于细胞内或细胞外。急性病变主要见于幼畜。

慢性病例可见有各内脏器官的水肿，并有散在的坏死灶。病理组织学变化为明显的网状内皮细胞的增生，淋巴结、肾、肝和中枢神经系统等处更为显著，但不易见到虫体。慢性病变常见于老龄家畜。

隐性感染的病理变化主要是在中枢神经系统内见有包囊，有时可见有神经胶质增生性和肉芽肿性脑炎。

感染弓形虫后是否发病取决于虫株毒力、感染数量、感染途径及宿主的抵抗力等。引起发病的直接原因是虫体毒素的直接作用、有毒分泌物引起的变态反应以及虫体繁殖时大量破坏细胞的综合作用。

（五）诊断

弓形虫病的症状、病理变化上虽有一定的特征，但还不足以作为确诊的依据，必须做实验室诊断，查出病原体或其特异性抗体方能确诊。

检查可采取发病动物发热期的血液、脑脊液、眼房水、尿液、唾液以及淋巴结穿刺液作为检查材料；死后采取心血、心、肝、脾、肺、脑、淋巴结及胸、腹水等；流产病例，可无菌采取胎儿和胎膜样品。此外，对猫科动物还应收集其粪便，检查是否有卵囊存在。样品不宜冰冻，否则会杀死虫体。

实验室诊断的方法如下。

（1）直接涂片法：急性弓形虫病可将患病死亡动物的肺、肝、淋巴组织抹成涂片，用吉姆萨或瑞氏液染色后镜检虫体。

（2）集虫检查法：采集腹水等体液通过离心处理检测虫体。

（3）动物接种法：将肺、肝、淋巴结等组织研碎，加入10倍生理盐水，在室温下放置1h，取其上清液0.5~1ml。接种于小鼠腹腔，然后观察小鼠是否有症状出现，并检查腹腔液中是否存在虫体。

对发生流产的动物，以流产动物的胎儿及胎膜样品分离弓形虫，最佳接种实验动物的材料为胎儿脑和胎盘子叶。

（4）血清学检查方法：主要有染料试验（DT）、间接血凝试验（IHA）、间接荧光抗体技术（IFAT）、酶联免疫吸附试验（ELISA）等。在诊断人体弓形虫病中，染料试验被认为是血清学方法中的"黄金标准"。目前，国内已有多种商业化的检测试剂盒可供使用。

（5）聚合酶链式反应（PCR）诊断：近年来PCR及脱氧核糖核苷酸（DNA）探针技术已应用于检测弓形虫感染。检测的靶向区域主要有B_1基因、529重复序列、P_{30}（SAG_1）

基因以及 18S 核糖体核糖核苷酸（rRNA）等。如用套式或巢式 PCR（Nest-PCR）检测实验动物弓形虫的早期感染，具有敏感性高、特异性强、稳定性好的特点；从弓形虫疑似病例的胎盘、中枢神经、心脏和骨骼肌等组织中检测弓形虫的 B_1 基因。用荧光定量 PCR（Real-PCR）定量检测弓形虫 B_1 基因，从而确定组织和体液中弓形虫的数量。这些方法具有灵敏、特异、早期诊断的意义，但检测费用昂贵，需专业检测设备。

（六）治疗

除螺旋霉素、氯林可霉素有一定的疗效外，其余绝大多数抗生素对弓形虫病无效。磺胺类药物（磺胺嘧啶、磺胺六甲氧嘧啶、磺胺甲氧吡嗪、甲氧苄氨嘧啶和敌菌净等）对弓形虫病有很好的治疗效果。

（1）磺胺甲氧吡嗪（SMPZ）+甲氧苄氨嘧啶（TMP），前者按每千克体重 30mg 的剂量，后者按每千克体重 10mg 的剂量，喂服，每天 1 次，连用 3d。

（2）12%复方磺胺甲氧吡嗪注射液（SMPZ∶TMP=5∶1）按每千克体重 50~60mg 的剂量，每日肌肉注射 1 次，连用 4 次。

（3）复方磺胺间甲氧嘧啶注射液（SMM∶TMP＝5∶1）按每千克体重 10~20mg 的剂量肌肉注射，每天 1 次，连用 3d。同时，配合维生素 B_1 及维生素 C 注射液各 5mL，混合 1 次肌肉注射。在日粮中适量增加维生素 A、维生素 B_{12}、维生素 E 及一些矿物质，增加机体抵抗力。

（4）磺胺嘧啶（SD）+甲氧苄氨嘧啶（TMP），前者按每千克体重 70mg 的剂量，后者按每千克体重 14mg 的剂量，喂服，每天 2 次，连用 3~4d。

复方磺胺甲氧吡嗪注射液（SMPZ）、磺胺六甲氧嘧啶（SMM）等可迅速改善临床症状，并能有效地抑制速殖子在体内形成包囊。此外，选用长效磺胺嘧啶（SMP）和复方新诺明（SMZ）对猪等动物的弓形虫病也有良好的效果。

应注意在发病初期及时用药，如用药较晚，虽可使临床症状消失，但不能抑制虫体进入组织形成包囊，结果使病畜成为带虫者。

（七）预防

弓形虫病预防更胜于治疗，预防水平传播可采取下列措施：在笼舍及其周围应禁止养猫，并防止猫进入兽舍，严防动物的饲料或饮水接触猫粪，防止猫粪污染餐具、水源、食物和动物饲料；扑灭兽舍内外的鼠类；禁用生肉屑喂动物，泔水应熟饲；死于或怀疑死于弓形虫病的尸体应烧毁或深埋；在流行区域可用药物预防或免疫接种预防。预防工作还包括对肉类应充分煮熟以杀灭肉内包囊等。

第七章 毕氏肠微孢子虫病

微孢子虫病（microsporidiosis）是由微孢子虫（microsporidium）引起的人和动物多种疾病的总称。微孢子虫是寄生于宿主细胞内的单细胞真核生物，属微孢子门微孢子目，目前报道微孢子虫共有150多个属1200多种，广泛感染无脊椎动物和脊椎动物。该病呈世界性分布，且近年来呈增长趋势。目前，发现至少有6个属，约14种微孢子虫能感染人。毕氏肠微孢子虫（*Enterocytozoon bieneusi*）是最常见的导致人和动物微孢子虫病的病原体，免疫力正常的宿主感染后发生自限性腹泻，而免疫抑制、耐受或低下的宿主感染后可发生脱水性和致死性的腹泻。毕氏肠微孢子虫作为一种人兽共患机会性原虫，正日益受到医学界和兽医界的重视。

（一）病原

微孢子虫成熟孢子的大小随虫种不同而异，直径一般为1~3μm，毕氏肠微孢子虫大小约为0.5μm×1.5μm，呈椭圆形（图3-7-1）。用韦伯氏法染色后在光学显微镜下可见孢子呈红色，具有折光性，胞壁着色深，中央淡染或呈苍白色。用透射电子显微镜观察可见孢子为卵圆形，孢子壁光滑，由外壁和内壁构成，外壁较厚，为一层电子致密物。孢子内壁的细胞核被螺旋形的极管围绕，有时孢子的内壁还可见1层薄的包膜。孢子的前端有1个突起的极性盘与极管相连，后端有1个空泡。

（二）生活史

毕氏肠微孢子虫的生活史包括裂体生殖和孢子生殖两个无性生殖阶段，均在同一宿主体内进行。裂体生殖阶段即具有感染性的成熟孢子被宿主吞食后引起宿主的感染。孢子侵入细胞时伸出极管穿入宿主细胞，将孢子质通过中空的极管注入宿主细胞质内。孢子质在靠近宿主细胞核的

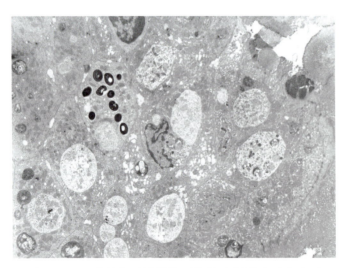

图3-7-1 透射电子显微镜下的毕氏肠微孢子虫孢子（×6600；黑染标示）（Franzen, et al., 1999）

空泡内以二分裂或多分裂的方式增殖为原形体细胞，并扩散到其他的细胞内。第二阶段是孢子生殖时期，也是大量孢子形成的时期。这时，原形体细胞逐渐发育成熟变为具有感染性的孢子。孢子从破裂的宿主细胞中释放并随粪便排到外界环境，被其他宿主摄入并开始新的生活周期。

（三）流行病学

曹钰莹等（2018）调查的圈养大熊猫毕氏肠微孢子虫感染率为45.2%，Tian 等（2015）在陕西秦岭野生动物园的大熊猫样品中发现的毕氏肠微孢子虫感染率为8.7%（4/46），并且发现新基因型 *I-like*；随后，Li（2017）等也在成都动物园大熊猫样品中检出毕氏肠微孢子虫，且发现人兽共患基因型 *Peru6*，说明大熊猫可作为人类微孢子虫病的传染源，也可能具有传播给其他动物的潜能；而 Deng 等（2018）在我国西南地区5个动物园内的亚洲黑熊样品中发现的毕氏肠微孢子虫感染率为27.4%（29/106）。造成感染率差距如此大的原因可能与动物的种类、身体状况、年龄大小，以及其饲养密度等有关。

（四）临床症状

毕氏肠微孢子虫的寄生部位主要为十二指肠及空肠，以空肠上段为多见。微孢子虫在小肠绒毛上皮细胞内复制，致使肠绒毛缩短及绒毛覆盖面积减少，从而导致吸收不良和腹泻，多导致免疫力正常的动物自限性腹泻，亦可导致免疫耐受者发生脱水性具有威胁生命的腹泻。该病原体也可能沿着肠黏膜表面散布到胆道、胆囊、胰管，引起胆管炎、胆囊炎及胰腺炎等。

（五）诊断

早期对毕氏肠微孢子虫的鉴定主要根据其孢子大小、孢子核的形态特征、极丝圈的盘绕数及病原与宿主间的相互作用关系等。微孢子虫孢子是高度专性的，对外界环境有较强抵抗力，不同虫种间大小和形状各不相同。在光学显微镜下很难区分微孢子虫的虫种。目前，分子诊断方法被广泛用于鉴定毕氏肠微孢子基因型。毕氏肠微孢子虫不同分离株 *SSU rRNA* 基因的内部转录间隔区（ITS）差异较大，因此成为基因型鉴定的标准，ITS 基因分型表明，在"毕氏肠微孢子虫"这个简单的虫种下存在许多基因型，不同基因型具有不同的生物学特性。

（六）治疗

目前，治疗微孢子虫病尚无特效药。阿苯达唑常被用来治疗微孢子虫病，其主要作用于发育阶段的虫体，减少小肠活检中孢子的数量，抑制其传播，但此药对毕氏肠微孢子虫引起的疾病治疗效果不佳。喂服伊曲康唑可以治疗该病原体引起的结膜炎、角膜炎。

（七）预防

降低环境中的微孢子虫活力有多种方法。煮沸 5min 即可杀死水中的微孢子虫孢子，通过凝集、沉淀和混合介质过滤等方法可降低微孢子虫在水中的存活率和感染力。臭氧处理、紫外线照射、γ 射线照射和加氯消毒等方法亦可有效降低微孢子虫的活力和感染力。

第八章 球虫病

大熊猫球虫病通常指艾美耳科的原虫寄生于大熊猫所引起的一类原虫病。目前，发现寄生于大熊猫的球虫有艾美耳属（*Eimeria* Schneider，1857）大熊猫艾美耳球虫、泰泽属（*Tyzzeria* Allen，1936）大熊猫泰泽球虫以及艾美耳属大熊猫巨型艾美球虫。

（一）病原

球虫卵囊的形态卵囊是宿主粪便和在外界环境中所见到的球虫虫体，分为未孢子化卵囊和孢子化卵囊两种。卵囊多呈卵圆形或近似圆形，少数呈椭圆形或者梨形；多数无色或灰白色，个别虫种可带有黄色、红色或棕色；大小因种而异，多数长为 25~30μm，最大的可达 90μm，最小的只有 8~10μm。卵囊壁一般有 2 层，由厚约 10nm 的脂质外层和 90nm 的糖蛋白内层组成，其结构坚实，富有弹性，对机械和化学损伤有抵抗力，对蛋白水解酶和多种洗剂与消毒剂也有抵抗力。某些虫种在卵囊的一端有微孔，有些虫种在微孔上有极帽。在未孢子化卵囊中含有 1 个圆形的、呈颗粒状的、有核的原生质团，即合子。在外界适宜的条件下，未孢子化卵囊完成孢子生殖，即成为孢子化卵囊。孢子化卵囊依据属的不同而含有不同数目的孢子囊和子孢子：孢子囊一般呈椭圆形、圆形或梨形，内含有一定数量的子孢子，一些虫种在孢子囊的一端有 1 个折光性小体，称为斯氏体；子孢子呈香蕉形或逗点形，中央有 1 个核，在两端可见有强折光性的、球状的折光体；有些种的孢子囊内子孢子之间有一团颗粒状的团块，称为孢子囊残体或称内残余体；有的种类在卵囊内孢子囊之间有一团颗粒状的团块，称为卵囊残余体或称外残体；有些种在接近微孔处有 1~3 个清晰的折光小粒，称为极粒。每个属的球虫卵囊内的孢子囊和每个孢子囊中含有的子孢子的数目是恒定的，而不同的属则有差异，并以此作为艾美耳科中各属鉴定的主要依据。

（二）生活史

艾美耳科球虫的发育属直接发育型，不需要中间宿主，发育过程基本相同，都包括裂殖生殖、配子生殖和孢子生殖 3 个阶段。裂殖生殖和配子生殖在动物体内的上皮细胞内进行，最终形成卵囊（未孢子化卵囊）并随动物粪便排至外界环境，故称为内生性发育阶段。孢子生殖在外界环境中进行，形成孢子化卵囊，故称为外生性发育阶段。只有孢子化卵囊具有感染性。

裂殖生殖：当感染性卵囊被动物摄入后，进入小肠中，由于无氧环境、胆汁和胰蛋白酶等因素的作用，子孢子从卵囊内逸出，直接或借助于白细胞的转移而侵入上皮细胞内，逐渐增大变圆，发育为滋养体。滋养体经裂殖生殖，形成数十个或更多的裂殖子。第一代裂殖子从裂殖体中释出时，常使上皮细胞遭到破坏，裂殖子又侵入新的尚未感染的上皮细胞，进行第二代裂殖生殖。如此反复，使上皮细胞遭受严重破坏，引起疾病的发作。每种球虫具有的裂殖生殖代数是相对稳定的，多数种类为2~4代。同时，每种球虫所产生的裂殖子数量也同样具有相对的稳定性，如柔嫩艾美耳球虫，每个第一代裂殖体大约产生900个裂殖子，第二代产生200~350个，第三代产生4~30个。

配子生殖：经过一定代数的无性生殖后，就进入有性繁殖的配子生殖阶段。末代裂殖生殖产生的裂殖子中，大部分侵入新的上皮细胞发育为含有大量原生质的大配子体，进而发育为大配子；小部分侵入上皮细胞发育为含少量原生质的小配子体，再由小配子体分裂形成许多具有2~3根鞭毛、能运动的、呈新月形的小配子。成熟的小配子离开宿主细胞，利用鞭毛进行游动，钻入含有大配子的宿主细胞，使大配子受精成为合子。再由大配子细胞质内的2类囊壁形成体形成2层被膜围绕于合子周围，即成为卵囊。刚形成的卵囊，原生质团充满整个卵囊，然后原生团逐渐浓缩为球形并与卵囊壁之间形成空隙，这种未孢子化卵囊随寄生细胞的破裂而进入肠腔，随宿主粪便排至外界。

孢子生殖：随宿主粪便排至外界的未孢子化卵囊，在适宜的温度、湿度及有氧条件下，卵囊内的孢子体，即原生质团经减数分裂进行孢子生殖，又称为孢子化，形成孢子囊和子孢子，其孢子囊的个数及每个孢子囊内的子孢子数则依属的不同而异。含有成熟子孢子的卵囊即对宿主具有感染能力，称为感染性卵囊，或称为孢子化卵囊。孢子生殖所需的时间随球虫种类不同而异，常为24~72h；同一种球虫发育所需的时间则因温度的不同而有差异。球虫对宿主的感染为自限性的，在不发生重复感染时虫体在宿主体内固有寄生部位完成裂殖生殖和配子生殖，形成孢子化卵囊后排至外界，最终球虫自动从宿主体内消失，宿主一次感染球虫后，从开始排卵囊到排尽卵囊之间的时期称为排卵囊期，也称显露期或开放期。

（三）流行病学

胡罕（2018）首次发现并报道了在大熊猫粪便中检测到大熊猫艾美耳球虫、大熊猫泰泽球虫以及大熊猫巨型艾美球虫。

（四）诊断

球虫卵囊的形态特征是球虫虫种鉴定的主要依据之一，在鉴定虫种时，应着重观察：

卵囊形与大小，卵囊壁色泽与外膜的形状；有无微孔与极帽，卵囊内孢子囊数目；有无极粒与卵囊残体，孢子囊大小和形状；是否有斯氏体及孢子囊残体，每个孢子囊内所含子孢子的数目，子孢子大小和形状。卵囊的长度和宽度的平均值是鉴定球虫种类的主要依据之一。各种球虫卵囊的大小常有一定的范围，不同种之间又常有相互交叉重叠的现象。但某些种类的卵囊特别大或特别小，仍可以作为鉴定的特征。卵囊的长度和宽度之间的关系，常用形状指数（又称为卵囊指数）来表示。形状指数即卵囊的平均长度与平均宽度的值，每种卵囊常具有恒定的形状指数。除参考卵囊的形态特征之外，在进行球虫虫种的鉴定时，尚需考虑其在宿主体内的寄生部位、眼观病变的性质、完成孢子化的最短时间、潜在期的长短和虫体在细胞内的寄生位置，必要时还需进行交叉免疫感染试验和采用分子生物学技术进行种类的鉴定。

（五）治疗

磺胺＝甲氧嘧啶（SDM）+甲氧苄氨嘧啶（TMP）：按每千克体重 25mg 的剂量投喂。首次剂量加倍，每天 1 次，连续用药 7d。

常山柴胡合剂：常山 9g、柴胡 6g，1 剂药煎 3 次，混合后取 1/4 量兑水后饮服，余下分 2 次服喂。每天 1 剂，连服 5d。

参考文献

曹钰莹，李威，钟志军，等，2018.动物园圈养大熊猫毕氏肠微孢子虫分子流行病学调查.浙江农业学报，30（07）：1132-1136.

陈俏梅，张俐，何国声，2003.检测实验动物弓形虫感染的两种PCR方法的建立和比较.中国兽医寄生虫病，11（02）：5，7.

陈晓光，刘国章，唐银明，等，1996.弓形虫巢式PCR体系的建立及其对人、鼠弓形虫病的检测.中国寄生虫病防治杂志，9（1）：53-56.

党海亮，王荣军，张龙现，等，2008.野生动物隐孢子虫的种类和基因型.中国兽医寄生虫病，16（02）：35-41.

邓磊，2018.马源隐孢子虫及毕氏肠微孢子虫系统进化与多位点研究.雅安：四川农业大学.

杜之鸣，李向印，张玉英，等，1985.贾第虫滋养体的扫描电镜观察.寄生虫学与寄生虫病杂志，3（2）：122-125.

甘绍伯，佟玉品，尹清源，1999.聚合酶链反应检测弓形虫的实验研究.中国人兽共患病杂志，15：27-30.

侯卫东，菅复春，张龙现，等，2006.抗酸染色法对隐孢子虫卵囊的检查.河南畜牧兽医，27（11）：6-8.

胡罕，张旭，裴俊峰，等，2018.野外大熊猫肠道寄生虫形态及感染情况调查.经济动物学报，22（02）：106-111.

黄德生，解天珍，郭正，等，1992.住肉孢子虫病免疫学诊断方法的研究.云南畜牧兽医，01：3-7.

贾克东，朱育光，温培娥，等，1994.斑点免疫结合试验对蓝氏贾第鞭毛虫感染者粪中特异性抗原的检测.中国兽医学报，23（4）：77-80.

刘学涵，何廷美，钟志军，2012.大熊猫隐孢子虫的分离鉴定.中国兽医科学，42（11）：1107-1111.

刘学涵，王强，彭广能，等，2012.大熊猫隐孢子虫的分离鉴定.中国兽医科学，42（11）：5.

卢思奇，王正仪，1987.贾第虫病的诊断.首都医学院学报，8（1）：65-67.

卢思奇，闫歌，王凤芸，等，1994.生物素标记贾第虫全基因组DNA探针的制备及其特异性敏感性测定. 动物学研究, 15（01）: 85-90.

卢思奇, 赵森林, 王正仪, 等, 1990. 蓝氏贾第鞭毛虫滋养体超微结构的研究. 动物学杂志, 25（6）: 1-3.

潘卫庆, 汤林华, 2004. 分子寄生虫学. 上海: 上海科学技术出版社.

田一男, 2018. 圈养非人灵长类和大熊猫贾第虫感染调查. 雅安: 四川农业大学.

王淑芬, 1990. 肝簇虫病. 中国兽医杂志, 16（11）: 48-49.

徐梅倩, 黄侠, 朱顺海, 等, 2007. 隐孢子虫病两种诊断方法的应用比较. 中国兽医寄生虫病, 15（4）: 2-4.

杨光友, 1998. 大熊猫寄生虫与寄生虫病研究进展. 中国兽医学报, 18（2）: 206-208.

张华, 王小慧, 范文安, 等, 2010. 大熊猫寄生虫病综述. 甘肃畜牧兽医, 40（03）: 40-43.

张龙现, 蒋金书, 2001. 隐孢子虫和隐孢子虫病研究进展. 寄生虫与医学昆虫学报, 8（3）: 184-192.

钟志军, 黄祥明, 杨洋, 等, 2014. 大熊猫布鲁氏菌病、弓形虫病以及心丝虫病的血清学调查研究. 四川动物（06）: 836-839.

朱惠丽, 张龙现, 宁长申, 等, 2007. 人兽共患隐孢子虫种类及基因型. 寄生虫与医学昆虫学报, 14（1）: 8.

祝虹, 王正仪, 卢思奇, 1991. 贾第虫病的免疫诊断. 首都医学院学报, 12（3）: 248-251.

ADAM R D A, 2001. The Giardia lamblia genome. International Journal for Parasitology, 30: 475-484.

ADAM R D, 2001. Biology of *Giardia lamblia*. Clinical Microbiology Reviews, 14: 447-475.

ADAMS P J, THOMPSON R C A, 2002. Characterisation of a novel genotype of Giardia from a Quenda (*Isoodon obesulus*) from Western Australia. In: Olson B E, Olson M E, Wallis P M Giardia: The Cosmopolitan Parasite. Wallingford: CAB International: 287-291.

ANDRÉ M R, ADANIA C H, TEIXEIRA R H, 2010. Molecular detection of *Hepatozoon* spp. in Brazilian and exotic wild carnivores. Veterinary Parasitology, 173（1-2）: 134-138.

APPELBEE A J, THOMPSON R C, OLSON M E, 2005. *Giardia* and cryptosporidium in mammalian wildlife current status and future needs. Trends Parasitol, 21: 370-376.

CARME B, AZNAR C, MOTARD A, et al., 2002. Serologic survey of *Toxoplasma gondii* in noncarnivorous free-ranging neotropical mammals in French Guiana. Vector Borne Zoonotic Dis, 2

(1): 11-17.

CARNKE R L, DUBEY J P, KWOK O C, et al., 2000. Serologic survey for *Toxoplasma gondi* in selected wildlife speciesrom Alaska. Journal of Wildlife Diseases, 36(2): 219-224.

CASTOR S B, LINDQVIST K B. 1990. Canine giardiasis in Sweden: no evidence of infectivity to man. Trans R Soc Trop Med Hyg, 84(2): 249-250.

DENG L, LI W, ZHONG Z, et al., 2017. Multi-locus genotypes of *Enterocytozoon bieneusi* in captive Asiatic black bears in southwestern China: high genetic diversity, broad host range, and zoonotic potential. PLoS One, 12(2): e0171772.

EAST M L, WIBBELT G, LIECKFELDT D, et al., 2008. Hepatozoon species genetically distinct from H. CANIS infecting spotted hyenas in the erengeti ecosystem, Tanzania. Journal of Wildlife Diseases, 44(1): 45-52.

EKANAYAKE D K, ARULKANTHAN A, HORADAGODA N U, et al., 2006. Prevalence of cryptosporidium and other enteric parasites among wild non-human primates in Polonnaruwa, Sri Lanka. Am J Trop Med Hyg, 74(2): 322-329.

FAYER R, 1972. Gametogony of *Sarcocystis* sp. in Cell Culture. Science, 175(4017): 65-67.

FEYER R, KOCAN R M, 1971. Prevalence of *Sarcocystis* in Grackles in Maryland. Joumal of Eukaryotic Microbiology, 18(3): 547-548.

FILIP-HUTSCH K, DEMIASZKIEWICZ AW, CHĘCIŃSKA A, et al., 2020. First report of a newly-described lungworm, Dictyocaulus cervi (Nematoda: Trichostrongyloidea), in moose (*Alces alces*) in central Europe. Int J Parasitol Parasites Wildl. 13: 275-282.

FORNAZARI F, LANGONI H, DA SILVA R C, et al., 2009. Toxoplasma gondii infection in wild boars (*Sus scrofa*) bred in Brazil. Veterinary Parasitology, 164(2-4): 333-334.

FORRESTER D J, CARPENTER J W, BLANKINSHIP D R., 1978. Coccidia of whooping cranes. J Wild Dis, 14(1): 24-27.

FRANZEN C, Müller A, 1991. Molecular techniques for detection, species differentiation, and phylogenetic analysis of microsporidia. Clin Microbiol Rev., 12(2): 243-285.

GARCIA J L, SVOBODA W K, CHRYSSAFIDIS A L, et al., 2005. Sero-epidemiological survey for toxoplasmosis in wild New World monkeys (*Cebus* spp.; *Alouatta caraya*) at the Parana river basin, Paraná State, Brazil. Veterinary Parasitology, 133(4): 307-311.

GARELL D M, FOWLER M E. 1999, Toxoplasmosisin zoo animals. Zoo and wild animal medicine: current therapy 4.4: 131-135.

GARNER M M, GARDINER C H, WELLEHAN J F X, et al., 2006. Intranuclear coccidiosis in tortoises: nine cases. Veterinary Pathology, 43（3）: 311-320.

GAUSS C B, DUBEY J P, VIDAL D, et al. 2006. Prevalence of *Toxoplasma gondii* antibodies in red deer (*Cervus elaphus*) and other wild ruminants from Spain. Veterinary Parasitology, 136（3-4）: 193-200.

GELANEW T, LALLE M, HAILU A, et al., 2000. Molecular characterization of human isolates of *Giardlia duodenalis* from Ethiopia. Acta Trop, 102: 92-102.

GRACZYK T K, BALAZS G H, WORK T, et al., 1997. *Cryptosporidium* sp. infections in green turtles, *Chelonia mydas*, as a potebtial source of marine waterborne oocysts in the Hawaiian island. Applied and Environmental Microbiology, 63: 2925-2927.

GRACZYK T K, BOSCO-NIZEYI J, Ssebide B, et al., 2002. Anthropozoonotic *Giardia duodenalis* genotype (assemblage) a infections in habitats of free ranging human-habituated gorillas, Uganda. J Parasitol, 88: 905-909.

GRACZYK T K, CRANFIELD M R, FAYER R, 1998a. Oocysts of *Cryptosporidium* from snakes are not infectious to ducklings but retain viability after intestinal passage through a refractory host. Veterinary Parasitology, 77（1）: 33-40.

GRACZYK T K, CRANFIELD M R, MANN J, et al., 1998b. Intestinal *Cryptosporidium* sp. infection in the Egyptian tortoise, Testudo kleinmanni. Int J Parasitol, 28（12）: 1885-1888.

GRACZYK T K, CRANFIELD M R. 1997. Detection of Cryptosporidium-specific serum immunoglobulin in captive shakes by a polyclonal antibody in the direct Elisa. Vet Res, 28: 131-142.

GRACZYK T K, CRANFIELD M R. 1998. Experimental transmission of *Cryptnspnridium* oocyst isolaites from mammals, birds and reptiles to captive snakes. Vet Res, 29（2）: 187-195.

HAMLEN H J, LAWRENCE J M. 1994. Giardiasis in laboratory-housed squirrel monkeys: a retrospective study, Laboratory Animal Science, 44: 235-239.

HEITMAN T L, FREDERICK L M, VISTE J R, et al., 2002. Prevalence of Giardia and *Cryptosporidium* and characterization of *Cryptosporidium* spp. isolated from wildlife, human, and agricultural sources in the North Saskatchewan River basin in Alberta, Canada. Can J Microbiol, 48: 530-541.

HILL D E, CHIRUKANDOTH S, DUBEY J P., 2005. Biology and epidemiology of Toxoplasma gondii in man and animals.Anim Health Res Rev, 6（1）: 41-61.

HOVE T, MUKARATIRWA S, 2005. Seroprevalence of *Toxoplasma gondii* in farm-reared ostriches and wild game species from Zimbabwe. Acta Trop, 94（1）: 49-53.

HÔRKOVÁ L, MODRÝ D. 2006, PCR detection of *Neospora caninum*, *Toxoplasma gondii* and *Encephalitozoon cuniculi* in brains of wild carnivores. Veterinary Parasitology, 137（1-2）: 150-154.

JEFFERIES R, DOWN J, MCINNES L, et al., 2008. Molecular characterization of Babesia kiwiensisfrom the brown kiwi（*Aptervc mantelli*）. T Parasitol., 94（2）: 557-560.

JONES J L, DUBEV I P, 2010. Waterborne toxoplasmosis-recent developments. Exp Parasitol, 124（1）: 10-25.

KAREN Y C, RICHARD D O, STEVEN J U, et al., 1996. Biliary cryptosporidiosis in two corn snakes（*Elaphe guttata*）. J Vet Diagn Invest, 8: 398-399.

KEI F, CHIHARU K, MARI K, et al., 2007. Seroepidemiology of *Tocoplasma gondii* and *Neospora canium* in seals around Hokkaido, Japan. J Vet Med Sci, 69（4）: 393-398.

KIKUCHI Y, CHOMEL B B, KASTEN R W, et al., 2004. Seroprevalence of *Toxoplasma gondii* in American free ranging or captive pumas（*Felis concolor*）and bobcats（*Lynx rufus*）. Veterinary Parasitology, 120（1-2）: 1-9.

KOCAN A A, BARKER R W, WAGNER G G., 1990. Transmission of *Babesia odocoilei* in white tailed deer（*Odocoileus virginianus*）by *Ixodes scapularis*（Acari: Ixodidae）. Journal of Wildlife Diseases, 26: 390-391.

KOLISKO M, CEPICKA I, HAMPL V, et al., 2008. Molecular phylogeny of diplomonads and enteromonads based on SSU rRNA, alpha-tubulin and HSP90 genes: implications for the evolutionary history of the double karyomastigont of diplomonads. BMC Evol Biol, 8: 205.

KOUDELA B, MODRY D, 1998. New species of *Cryptosporidium*（Apicomplexa, Cryptosporidiidae）from lizards. Folia Parasitol., 45: 93-100.

KOYAMA Y, SATOH M, MAEKAWA K, et al., 2005. *Cryptosporidium andersoni* Kawatabi type in a slaughterhouse in the northern island of Japan. Veterinary Parasitology, 130（3-4）: 323-326.

KUBO M, JEONG A, KIM S I, et al., 2010. The first report of Hepatozoon species infection in leopard cats（*Prionailurus bengalensis*）in Korea. J Parasitol, 96（2）: 437-439.

KUBO M, MIYOSHI N, YASUDA N, 2006. Hepatozoonosis in two species of Japanese wild cat. J Vet Med Sci, 68（8）: 833-837.

KUBO M, UNI S, AGATSUMA T, et al., 2008. *Hepatozoon ursi* n. sp.（Apicomplexa: Hepatozoidae）in Japanese black bear（*Ursus thibetanus japonicus*）. Parasitol International, 57（3）: 287-294.

KUTZ S J, ELKIN B, GUNN A, et al., 2000. Prevalence of *Toxoplasma gondii* antibodies in muskox (*Ovibos moschatus*) sera from northern Canada. J Parasitol, 86 (4): 879–882.

LALLE M, FRANGIPANE di Regalbono A, POPPI L, et al., 2007. A novel *Giardia duodenalis* assemblage a subtype in fallow deer. J Parasitol, 93: 426–428.

LALLE M, POZIO E, CAPELLI G, et al., 2005., Genetic heterogeneity at the beta-giardin locus among human and animal isolates of *Giardia duodenalis* and identification of potentially zoonotic genotypes. Int J Parasitol, 35: 207–213.

LEVECKE B, DORNY P, GEURDEN T, et al., 2007. Gastrointestinal protozoa in primates of four zoological gardens in Belgium. Veterinary Parasitology, 148: 236–246.

LI W, SONG Y, ZHONG Z, et al., 2017. Population genetics of Enterocytozoon bieneusi in captive giant pandas of China. Parasit Vectors, 10 (1): 499.

LI W, ZHONG Z, SONG Y, et al., 2018. Human-Pathogenic *Enterocytozoon bieneusi* in Captive Giant Pandas (*Ailuropoda melanoleuca*) in China. Sci Rep, 8 (1): 6590.

LIM Y A L, NGUI R, SHUKRI J, et al., 2008., Intestinal parasites in various animals at zoo in Malaysia. J Veterinary Parasitology, 157: 154–159.

LINDSAY D S, DUBEY J P., 2000. Canine neosporosis. J Veterinary Parasitology, 14: 1–11.

LINDSAY D S, UPTONS J, OWENS D S, 2000. *Crpospridimn andersoni* n. sp. (Apicomlxa: Cyposporidae) from Cattle, *Bos taurus*. Journal of Eukaryotic Microbiology, 47 (1): 91–95.

LIU X, HE T, ZHONG Z, et al., 2013. A new genotype of Cryptosporidium from giant panda (*Ailuropoda melanoleuca*) in China. Parasitol International, 62 (5): 454–458.

LJUNGSTROM B, SVARD S, SCHWAN O, 2001. Forekomst och klinisk betydelse avgiardiainfektion hos lammi Sveri. Presence and clinical importance of Giardia infection in Swedish lambs, Svensk Vet Tidn, 53: 693–695.

LU S Q, BARUCH A C, ADAM R D, 1998. Molecular comparison of *Giardia lamblia* isolates. Internatioanl Journal for Parasitollogy, 28: 1341–1345.

SWAYNE D E, GETZY D, SLEMONS R D, et al., 1991. Coccidiosis as a cause of transmural lymphocytic enteritis and mortality in captive Nashville warblers (*Vermivora ruficapilla*). Journal of Wildlife Diseases, 27 (4): 615–20.

MA H, WANG Z, WANG C, et al., 2015. Fatal *Toxoplasma gondii* infection in the giant panda. Parasite, 22: 30.

MANDAL R, MUKHERJEE R N, 1977. On a new coccidium, *Eimeria dhamini* sp. nov. from Ptyas *mucosus* (Linn.). Science and Culture, 43 (11): 479–480.

MANUELAF L D, JAQUELINE B, OLIVEIRA D E, et al., 2003. Occurrence of coccidiosis in carlaries (*Serinus eanarius*) being kept in private captivity in the state of Pernambuco. Brazil. J. Parasitol., 58: 86-88.

MATJILA P T, LEISEWITZ A L, JONGEJAN F, et al., 2008. Molecular detection of *Babesia rossi* and *Hepatozoon* sp. in African wild dogs (*Lycaon pictus*) in South Africa. Veterinary Parasitology, 157: 123-127.

MATSUBARA K A S, 2002. Occurrence of cryptosporidium (Apicomplexa cryptosporidiidae) in *Crotalus durissus terrificus* (Serpentes: Viperidae) in Brazil. Mem Inst Oswaldo Cruz, 97 (6): 79-81.

MCARTHY S, NG J, GORDON C, et al., 2008. Prevalence of Cryptosporidium and *Giardia* species in animals in irrigation catchments in the southwest of Australia. Exp Parasitol, 118: 596-599.

MCQUISTION T E, 2000. The prevalence of coccidian parasites in passerine birds from South America. Traons of the Illinois State Academy of Science, 93 (3): 221-227.

MORGAN U M, MONIS P T, XIAO L, et al., 2001. Molecular and phylogenetic characterisation of Cryptosporidium from birds. Internaitonal Journal for Parasitology, 31: 289-296.

MORITZ D J, BAGGETT S M, WAGNER G G, 1992. Mlonthly incidence of *Theileria cervi* and seroconversion to *Babesia odocoilei* in white-tailed deer (*Odocoileus virginianus*) in Texas. Journal of Wildlife Diseases, 28: 457-459.

MUNSON L, TERIO K A, KOCK R, et al., 2008. Climate extremes promote fatal co-infections during canine distemper epidemics in African lions. PloS one, 3 (6): 2545.

MURAO T, OMATA Y, KANO R. et al., 2008. Serological survey of *Tozoplasma gondii* in wild waterfowl in Chukotka, Kamchatka, Russia and Hokkaido, Japan. J Parasitol, 94 (4): 830-833.

MURATA K, MIZUTA K, IMAZU K. et al., 2004. The prevalence of *Tozoplasma gondii* antibodies in wild and captive cetaceans from Japan. Journal of Parasitology, 90 (4): 896-898.

NORTON C C, 1967. *Eimeria colchui* sp. nov. (Protozoa: Eimeridae). The cause of cecal cocidiosis in English covert pheasants. Journal of Protozoology, 14 (4): 772-781.

NORTON C C, 1967. *Eimeria duodenalis* sp. nov. from English covert pheasant (*Phasianus* sp.). Parasiitology, 57: 31-46.

NOVILLA M N, CARPENTER J W, 2004. Pathology and pathogenesis of disseminated visceral coccidiosis incranes. Avian Pathol, 33 (3): 275-280.

O'Handley R M, OLSON M E, FRASER D, et al., 2000. Prevalence and genotypic characterisation of *Giardia* in dairy calves from Western Australia and western Canada. Vet.

Parasitol., 90: 193-200.

OLSON M E, CERI H, MORCK D W, 2000. *Giardia* vaccination. Parasitol Today, 16: 213-217.

OOSTHUIZEN M C, ZWEYGARTH E, COLLINS N E, et al., 2008. Identification of a novel *Babesia* sp. from a sable antelope (*Hippotragus niger* Harris, 1838). Journal of Clinical Microbiology, 46 (7): 2247-2251.

PANADERO R, PAINCEIRA A, LÓPEZ C, et al., 2010. Seroprevalence of *Tocoplasma gondii* and *Neospora caninum* in wild and domestic ruminants sharing pastures in Galicia (Northwest Spain). Res Vet Sci, 88 (1): 111-115.

PARAMESWARAN N, O'Handley R M, GRIGG M E, et al., 2009. Seroprevalence of *Tocoplasma gondii* in wild kangaroosusing an ELISA. Parasitology International, 58 (2): 161-165.

PATRICIA J H, MADELEY J, CRAIG B A, et al., 2000. Antigenic, phenotypic and molecular characterization confirms *Babesia odocoilei* isolated from three cervids. Journal of Wildlife Diseases, 36 (3): 518-530.

PAWAR R M, POORNACHANDAR A, ARUN A S, et al., 2011. Molecular prevalence and characterization of *Hepatozoon ursi* infection in Indian sloth bears (*Melursus ursinus*). Veterinary Parasitology, 182 (2-4): 329-332.

PAWAR R M, POORNACHANDAR A, SRINIVAS P, et al., 2012. Molecular characterization of Hepatozoon spp. infection in endangered Indian wild felids and canids. Veterinary Parasitology, 186 (3-4): 475-479.

PENCER J A, HIGGINBOTHAM M J, 2003. Seroprevalence of *Neospora caninum* and *Tocoplasma gondii* in captive and free-ranging nondomestic felids in the United States. Journal of Zoo and Wildlife Medicine, 34 (3): 246-249.

PERRUCCI S, ROSSI G, MACCHIONI G, 2004. Isospora thibetana N. sp. (Apicomplexa, Eimeriidae), a parasite of the Tibetan siskin (*Serinus thibetanus = Carduelis thibetanus*) (Passeriformes, Fringillidae). Journal of Eukaryotic Micrebiology, 45 (2): 198-201.

PETRINI K R, HOLMAN P J, RHYAN J S, et al., 1995. Fatal babesiosis in an American woodland caribou (*Rangifer taranduscaribou*). Journal of Zoo and Wildlife Medicine, 26: 298-305.

PRESTRD K W, ASBAKK K, FUGLEI E, et al., 2007. Serosurvey for *Toxoplasa gondii* in arctic foxes and possible sources of infection in the high Arctic of Svalbard. Veterinary Parasitology, 150 (1-2): 6-12.

RAY H N, 1966. Remarks on *Eimeria pavois* n. sp. from Indian peacock (*Pavo cristatus*). Indian Journal of Microbiology, (6): 51-52.

RAYMOND M D, DAMIEI M G, STEVEN C H, 2007. Evidence of Feline immunodeficiency, virus, *Feline leukemia* and *Toxoplasma gondii* in Feral cats on Mauna Rea, Hawaii. Journal of Wildlife Disease, 43 (2): 315-318.

READ C, WALTERS J, ROBERTSON ID, et al., 2002. Correlation between genotype of *Giardia duodenalis* and diarrhoea. International Journal of Parasitology, 32 (2): 229-231.

RICHOMME C, AUBERT D, GILOT-FROMONT E, et al., 2009. Genetic characterization of *Toxoplama gondii* from wild boar (*Sus scrofa*) in France. Veterinary Parasitology, 164 (2-4): 296-300.

RICKARD L G, SIELTKER C, BOYLE C R, et al., 1999. The prevalence of *Cryptosporidium* and *Giardia* spp. In fecal samples from free-ranging white-tailed deer (*Odocoileus virginianurs*) in the southeastern United States. J Vet Diagn Invest, 11: 65-72.

ROBERTSON L J, FORBERG T, HERMANSEN L, et al, 2007. *Giardia duodenalis* cysts isolated from wild moose and reindeer in Norway: genetic characterization by PCR RFLP and sequence analysis at two genes. Journal of Wildlife Diseases, 43: 576-585.

ROSSIGNOL J F, 2010. *Cryptosporidium* and *Giardia*: Treatment options and prospects for new drugs. Experimental Parasitology, 124: 45-53.

RYSER-DEGIORGIS M P, JAKUBEK E B, SEGERSTAD C H, et al., 2006. Serological survey of *Toxoplasma gondii* infection in free-ranging Eurasian lynx (*Lynx lynx*) from Sweden. Journal of Wildlife Diseases, 42 (1): 182-187.

SAHAGÚN J, CLAVEL A, GONI P, et al., 2008. Correlation between the presence of symptoms and the *Giardia duodenalis* genotype. European Journal Clinical Microbiology Infectious Diseases, 27: 81-83.

SALANT H, LANDAU D Y, BANETH G, 2009. A cross-sectional survey of *Toxoplasma gondii* antibodies in Israeli pigeons. Veterinary Parasitology, 165 (1-2): 145-149.

SAMUEL W M, PYBUS M J, KOCAN A A, 2001. Parasitic Diseases of Wild Mammals. 2nd ed. London: Manson Publishing, The Veterinary Press.

SAWEZUK M, MACIEJEWSKA A, ADAMSKA M, et al., 2005. Roe deer (*Capreolus capreolus*) and red deer (*Cervus elaphus*) as a reservoir of protozoans from *Babesia* and *Theileria* genus in north-western Poland. Wiad Parazytol, 51 (3): 243-247.

SHARON P, ALAN R R, 1994. Parasites of wild felidae in Thailand: a coprological survey.

Journal of Wild Disease, 303: 472-475.

SILVA J C, OGASSAWARA S, MARVULO M F, et al., 2001. *Toxoplasma gondii* antibodies in exotic wild felids from Brazilian zoos. Journal of Zoo and Wildlife Medicine, 32（3）: 349-351.

SILVIA de Camps, DUBEY J P, SAVILLE W J A, 2008. Seroepidemiology of *Toxoplasma gondii* in zoo animals in selected zoos in the midwestern United States. Journal of Parasitology, 94（3）: 648-653.

SIMONE M, CACCIO U R, 2008. Molecular epidemiology of giardiasis. Molecular & Biochemical Parasitology, 160: 75-80.

SIMONE M. Cacciò, ANDREW Thompson R C, JIM McLauchlin, et al., 2005. Unravelling Cryptosporidium and Giardia epidemiology. Trends in Parasitology, 21（9）: 430-437.

SIROKY P, MODRY D, 2005. Two new species of Eimeria（Apicomplexa: Eimeridae）from Asian geoemydid turtles *Kachuga tentoria* and *Melanochelys trijuga*（Testudines: Geoemydidae）. Parasite, 12（1）: 9-13.

SMITH H V, CACCI O S M, COOK N, et al., 2007. *Cryptosporidium* and *Giardia* as foodbornezoonoses. Veterinary Parasitology, 149: 29-40.

SOBRINO R, CABEZÓN O, MILLÁN J, et al., 2007. Seroprevalence of *Toxoplasma gondii* antibodies in wild carnivores from Spain. Veterinary Parasitology, 148（3-4）: 187-192.

SROKA J, 2001. Seroepidemiology of toxoplasmosis in the Lublin region. Ann Agric Environ Med, 8（1）: 25-31.

SULAIMAN I M, FAYER R, BERN C, et al., 2003. Triosephosphate isomerase gene characterization and potential zoonotic transmission of *Giardia duodenalis*. Emerg Infect Dis, 9: 1444-1452.

SULAIMAN I M, Lal A A, XIAO L., 2001. A population genetic study of the *Cryptosporidium parvum* human genotype parasites. J Eukaryot Microbiol, Suppl: 24-27.

THOMPSON R C A, 2000. Giardiasis as a re-emerging infectious disease and its zoonotic potential. International Journal of Parasitology, 30: 1259-1267.

THOMPSON R C A, 2004. The zoonotic significance and molecular epidemiology of *Giardia* and giardiosis. Veterinary Parasitology, 126: 15-35.

THOMPSON R C, MONIS P T, 2004. Variation in *Giardia*: implications for taxonomy and epidemiology. Adv Parasitol, 58: 69-137.

TIAN G, ZHAO G, DU Z, et al., 2015. First report of *Enterocytozoon bieneusi* from giant pandas（*Ailuropoda melanoleuca*）and red pandas（*Ailurus fulgens*）in China. Infect Genet

Evol, 34: 32-35.

TRAUB R J, MONIS P T, ROBERTSON I, et al., 2004. Epidemiological and molecular evidence supports the zoonotic transmission of *Giardia* among humans and dogs living in the same community. Parasitology, 128: 253-262.

TROUT J M, SANTIN M, FAYER R, 2003. Identification of assemblage a *Giardia* in white-tailed deer. Journal of Parasitology, 89: 1254- 1255.

VAN der Gissen J W, DE VRIES A, ROOS M, et al., 2006. Genotyping of *Giardia* in Dutch patients and animals: a phylogenetic analysis of human and animal isolates. International Journal of Parasitology, 36: 849-858.

VIKOREN T, THARALDSEN J, FREDRIKSEN B, et al., 2004. Prevalence of *Toxoplasma gondii* antibodies in wild red deer, roe deer, moose, and reindeer from Norway. Veterinary Parasitology, 120 (3): 159-169.

VITALIANO S N, SILVA D A, MINEO T W, et al., 2004. Seroprevalence of *Toxoplasma gondii* and Neospora caninum incaptive maned wolves (*Chrysocyon brachyurus*) from southeastern and midwestern regions of Brazil. Veterinary Parasitology, 122 (4): 253-260.

VOLOTAO A C C, SOUZA J C J, GRASSINI C, et al., 2008. Genotyping of *Giardia duodenalis* from Southern Brown Howler Monkeys (*Alouatta clamitans*) from Brazil. Veterinary Parasitology, 158: 133-137.

WANG T, CHEN Z, XIE Y, et al., 2015. Prevalence and molecular characterization of *Cryptosporidium* in giant panda (*Ailuropoda melanoleuca*) in Sichuan Province, China. Parasites Vectors. 8: 344.

WOLF D, SCHARES G, CARDENAS O, et al., 2005. Detection of specific antibodies to *Neospora caninum* and *Toxoplasma gondii* in naturally infected alpacas (*Lama pacos*), llamas (*Lama glama*) and vicunas (*Lama vicugna*) from Peru and Germany. Veterinary Parasitology, 130 (1-2): 81-87.

XIAO L, FAYER R, RYAN U, et al., 2004. Cryptosporidium taxonomy: recent advances and implications for public health. Clinical Microbiology Review, 17 (1): 72-97.

YAI L E, RAGOZO A M, SOARESR M, et al., 2009. Genetic diversity among capybara (*Hydrochaeris hydrochaeris*) isolates of *Toxoplasma gondii* from Brazil. Veterinary Parasitology, 162 (3-4): 332-337.

YASON J A D L, RIVERA W L, 2007. Genotyping of Giardia duodenalis isolates among residents of slum area in Manila, Philippines. Parasitology Research, 101 (3): 681-687.

YOSHITAKA O, YUSUKE U, MASAHISA W, et al., 2006. Investigation for presence of *Neospora canium*, *Toxoplasma gondii* and *Bruellla* species infection in killer Whales (*Orcinus crca*) mass-stranded on the coast of Shiretoko, Hokkaido, Japan. J Vet Med Sci, 68（5）: 523-526.

YU J, DURRANT K L, LIU S, et al. 2019. First Report of a Novel *Hepatozoon* sp. in Giant Pandas (*Ailuropoda melanoleuca*). Ecohealth, 16（2）: 338-345.

YUE C, DENG Z, QI D, et al., 2020. First detection and molecular identification of Babesia sp. from the giant panda, *Ailuropoda melanoleuca*, in China. Parasit Vectors, 13（1）: 537.

ZHONG Z, TIAN Y, LI W, et al., 2017. Multilocus genotyping of Giardia duodenalis in captive non-human primates in Sichuan and Guizhou provinces, Southwestern China. PLoS One, 12（9）: e0184913.

ZHOU L, FAYER R, TROUT J M, et al., 2004. Genotypes of cryptosporidium species infecting fur-bearing mammals differ from those species infecting humans. Appl Environ Microbiol, 70: 7574-7577.